デンソー モノづくりDNAの心と考動

―人が人を動かす人づくり―

真弓 篤 著

JN271921

日本規格協会

この本の執筆にあたり、人生で出会った全ての方に感謝いたします。

発刊によせて

モノづくりDNA研修　英語通訳　産屋敷公美

ドイツの作家、ミヒャエル・エンデ作の『モモ』という児童小説がある。

平和にのんびり暮らしていたある町に、突然「時間貯蓄銀行」に勤める「灰色の男たち」が走り回るようになる。彼らは町でのんびり暮らしている人々に、「時間を貯蓄」し倹約することを勧めて歩く。人々が仕事にかける時間、食事にかける時間、遊びにかける時間を秒数に換算し、どれだけ多くの秒数を人々が「ムダ」に過ごしているかを、一人ひとりに説明して歩くことで、人間に危機感を与えていく。

焦った町の人々は、なるべく「ムダ」が出ないように、一生懸命時間の倹約、「貯蓄」を始める。灰色の男という「時間泥棒」に時間を奪われてしまった人たちは、「忙しい」「ひまがない」と嘆き、結果、心がなくなってしまったようになり、人と人のつながりも希薄になっていく。その被害は子供たちにまで広がり、子供は遊びを奪われ将来のためになる勉強を強制され、挙句の果てには子供を施設に預けない限り生活ができなくなる。そんな危機を、浮浪児の少女「モモ」が助けるという内容の小説だ。

その中で、モモを捕らえようとして失敗した灰色の男たちが、追跡の時間に「37億3825万9114秒」費やし、「それは一人の一生の時間より長い時間だ！」と憤慨しながら、「まるっきりムダに使い捨てられてしまった時間」を嘆くシーンがある。


私がデンソーへ通訳として始めて入った頃、生産ラインで作業者の体の手や目の視線がいかに効率的に動かされ、一つの工程での仕事が何秒で行われるべきかをストップウォッチで計る現場の人々を見て、灰色の男の存在を、そこに感じたものである。作業者は一番効率的に仕事ができる場所に立ち、一定の範囲以上に手や視線を動かすべきではなく、さらには一つの手のモーションは何秒で行うという秒数が設定されており、その動きの中で製品を作り、品質をチェックしていく。作業者の後ろでは、監督者がストップウォッチを持ち、時間を計っている。

人間は機械ではないんだ！

通訳をしながらも、私は沸き起こるわずかな憤りを隠せなかった。

しかしながら、モノづくりＤＮＡ研修の通訳を担当させていただくことになり、私のそんな思いは覆されることになる。確かに製造業でもどんな会社でも、人々は忙しく仕事をしている。「機械的に計る時間」にて管理していかない限り、競争社会ではやっていけない。

しかしそれとはまた別の時間、「人間が人間らしく生き、仕事をすることのできる時間」を、この研修では提供してくれる。それは、仕事を進める上で、厳しく時間の管理をすればするほど、同時に職場に存在していなければならない「人としての時間」だと思う。


『モモ』の物語の中では、主人公のモモが、年齢も素性も分からない浮浪児で存在する。この本を日本語に翻訳した大島かおりさんは、あとがきでこう書いている。

「ほんらい、現代のように完全に組織されてしまった社会は、浮浪児というものの存在を許しません。ですからモモは、管理された文明社会のわくの中にまだ組み込まれていない人間、現代人が失ってしまったものをまだゆたかに持っている自然のままの人間、いわばシンボルのような子どもなのです」。

もちろんこれは物語であり、製造業とは何の関係もない話だ。しかしその中で、管理社会、組織化された会社が失ったものを取り戻すには、そこにある「わく」を取り外してあげなければならないというヒントを提示してくれている。真弓が語り実践している「壁をなくす」ということと、どこか似ている。モノづくりＤＮＡ研修では、「時間泥棒」とその被害に犯され本質を見失った人たち、または見失いつつある人たちの心に、多くの気付きを与え、希望を与える。

例えば私は派遣社員としてデンソーに入り、真弓に出会うまでは自らの壁をつくっていた。特に近年派遣社員の問題がマスコミでも頻繁に取り上げられ、疎外感を感じている派遣、請負、期間従業員も大勢いる。だけど私はそんな自分の立場を度外視して、「心」のある人と出会うことができた。

「人は人についてくる」

これは、真弓が彼の恩師である岡田工場長のことを語る時によく使われる言葉だ。私もその言葉通り、デンソー　モノづくりＤＮＡ研修での仕事を、「この人のためなら」という気持ちでやってこられた。成果主義、実績主義、効率のために、儲け主義のために仕事をしてしまいがちな社会で、人の心に響く仕事のやり方を教えられる人は、多くはいないだろう。そんな、心と心が触れ合う職場に少しの時間でもいられたことが、私の人生を大きく変えた。

また、そういう場では、わざわざ真実を語ろうとしなくてもよいのだということも知った。反対に、すべてをさらけ出すこと。さらけ出せる職場があり、失敗もすべてさらけ出してしまえば、真実はおのずと姿を現す。

目　次

第1章 社長の思いで始まったDNA研修

深谷社長（現相談役）熱き思いを語る
研修場にて

モノづくりの本質を次世代に残せるＤＮＡ

デンソーはトヨタをはじめ、世界各国の自動車メーカーに部品を納めている自動車部品メーカーである。全世界に約70の生産拠点を持ち、約13万人の従業員を抱えている。

２００５年デンソーでは「モノづくりＤＮＡ研修」が始まった。「モノづくりＤＮＡ」とは、良い製品を作り良い人を育て続ける姿の継承であり、「物」と「者」をあわせて「モノ」と称している。これは会社トップが常々望んでいたことで、その背景には日本の製造業がひしひしと感じている危機感があった。

国内の「空白の10年」は仕事を後世に伝えていくことを困難にした。また、海外の急激な新興市場の拡大により、海外進出が相次ぎ、拠点の人材育成が間に合わない。日本の将来の仕事を担うべき人材の育成と、海外拠点を支える中核層の人材育成に苦しみ、現場は混乱しつつあった。

仕事の高度化・複雑化は効率を求め「分業」が進んだが、それによって横のつながりが希薄となり、チーム力が低下した。また徹底した成果主義により、「結果」のみを重視するようになり、「プロセス」は軽視され、組織力や継続力が落ちてしまった。部分最適の弱点が露呈しつつあったのである。

さらには管理という枠の中で決められたことだけを尊び守りに入る風潮が生まれ、一歩踏み出す勇気とチャレンジ精神が見受けられない。これは産業界共通の危機感であり、このような弱点をデンソーのトップも懸念。創業以来培ってきた「モノづくりを継続する力、マインド」を醸成したいと願ったのだ。それを託されたのだ。

私は１９６７年に入社して以来、現場でのモノづくり・工場のスタッフ・管理監督者の行動を学んだ後、工場長として８００名の仕事を預かってきた。

そして、40年間デンソーで生産に携わってきた経験を活かし、「モノづくりＤＮＡ」研修を立ち上げた。

生産現場の使命は、「図面に込められた設計者の夢を叶え」、世界の人々に安心して使っていただく製品を、作り続けることである。研修では、生産現場の仕事の進め方・マインドを体系立てて学び体験することで、環境に流されないモノづくりを目指し、モノづくりの本質を次世代に残せるＤＮＡを伝える。

量産というマイナスの土俵

ところが、生産現場の宿命で良いものを作り続けることほど難しいことはない。なぜならば、人が多いゆえにバラツキの大きい集団が行う活動だからである。これは約40年間生産活動に従事してきた私の思いだが、生産現場の活動には、プラスの土俵とマイナスの土俵があると常々思う。

「改善」はゼロベースから良くしていく、つまりプラスの土俵で主に個人の能力に依存している。

一方目標をゼロにおく「量産」はマイナスの土俵である。

不良品数（クオリティー＝Q）、納入延滞数（デリバリー＝D）、事故・けがの数（セーフティ＝S）が「ゼロ」という目標を目指し、毎日繰り返し行う量産。これは個人の能力だけでなく、集団の力に依存するところが大きい（図1）。

研修ではこのマイナスの土俵に光を当て、継続して行っていける、量産に必要な仕事の進め方を教え

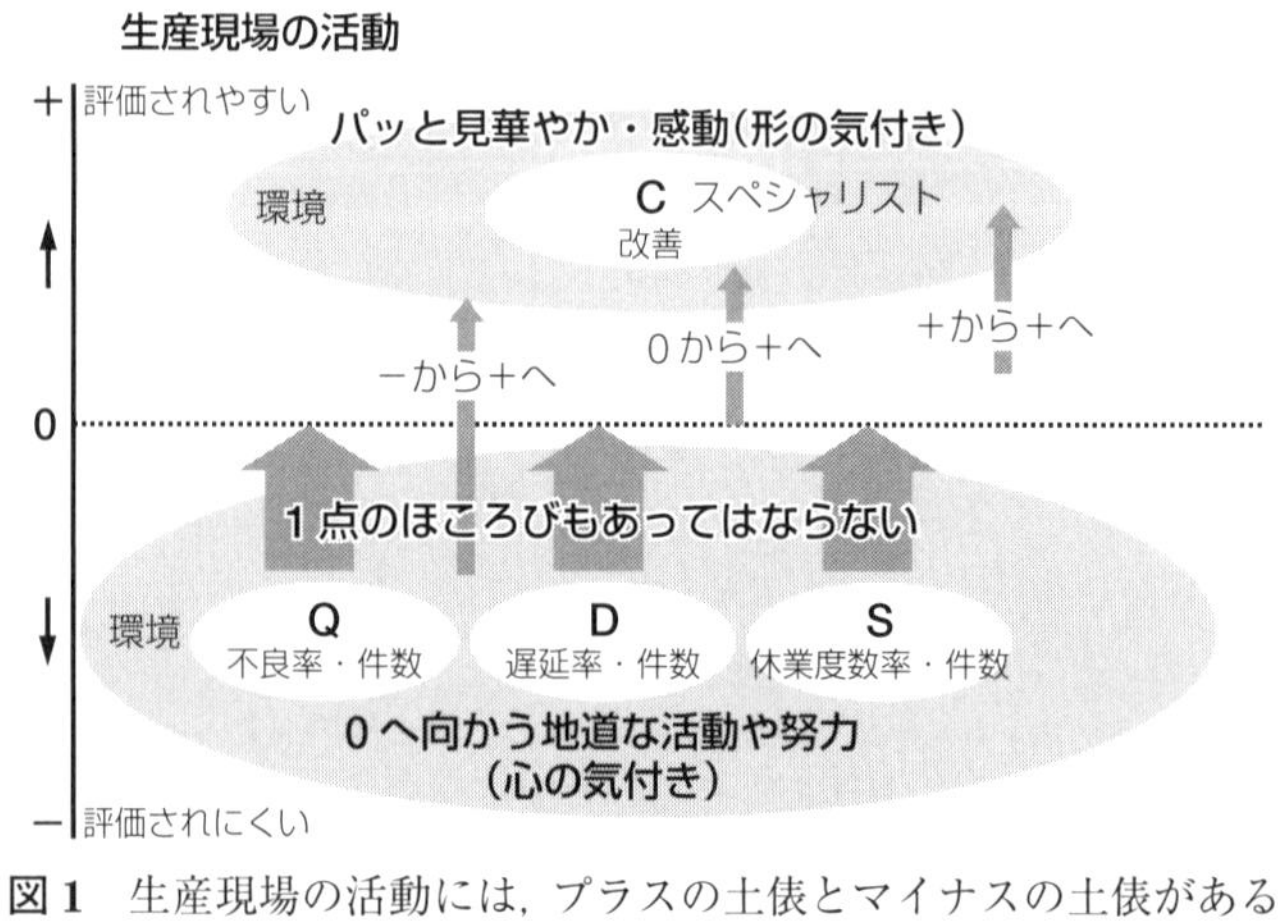

図1　生産現場の活動には，プラスの土俵とマイナスの土俵がある

る。守りに入りがちなマイナスの土俵の生産現場で、どんな問題が起きても「誰にも後ろ指を指されない現場管理」を体験し、そこで得た「心の気付きや仕事の進め方」を、自分の職場に持ち帰ってもらう。

本書でモノづくりDNA研修を紹介することによって、生産に携わる人たちやそれ以外の仕事をしている人たちにも何らかの参考になればと思う。また、これまでこの研修を受けた方にも研修の振り返りという意味で読んでいただけるだろう。

人生の岐路――心を動かす恩師の言葉

まずは、この研修がどうやって始まったのか、なぜ研修という道を選んだのか、というところから始めよう。２００５年に始まり、２０１３年６月現在までに６３００人のデンソー及び関係会社の人々が、国内外からこの研修を受けにきてくれた（図２、図３）。受けたい人が受けに来ればよいという思いで始めた、宣伝もしなかった研修だが、研修で学んだことを職場に持ち帰れば、必ず職場が良くなるということを体験してくれた人たちの口コミで、研修に参加したいという人が後をたたない。日本のみならず、海外のデンソー拠点でも、この研修の評判

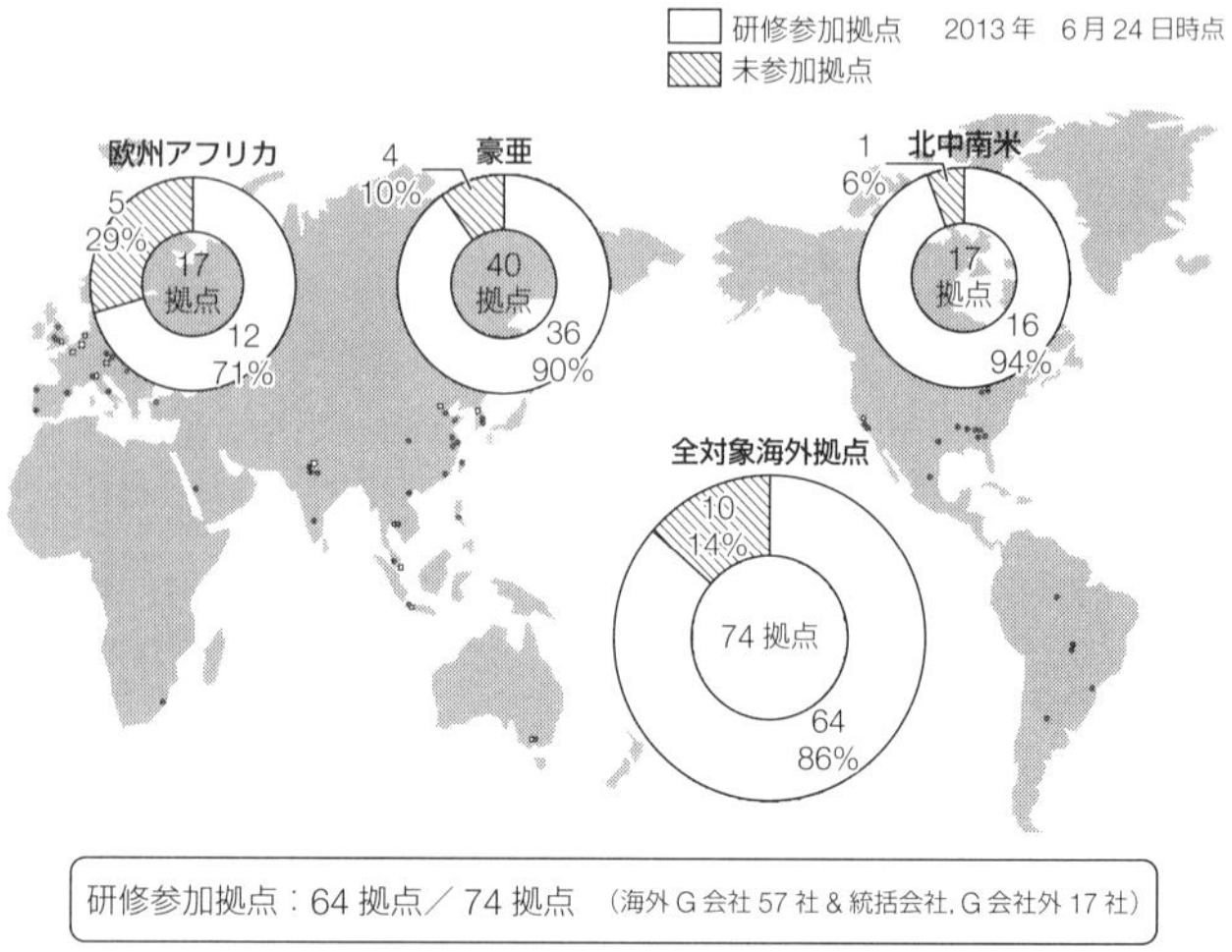

図 2　海外地域別参加実績

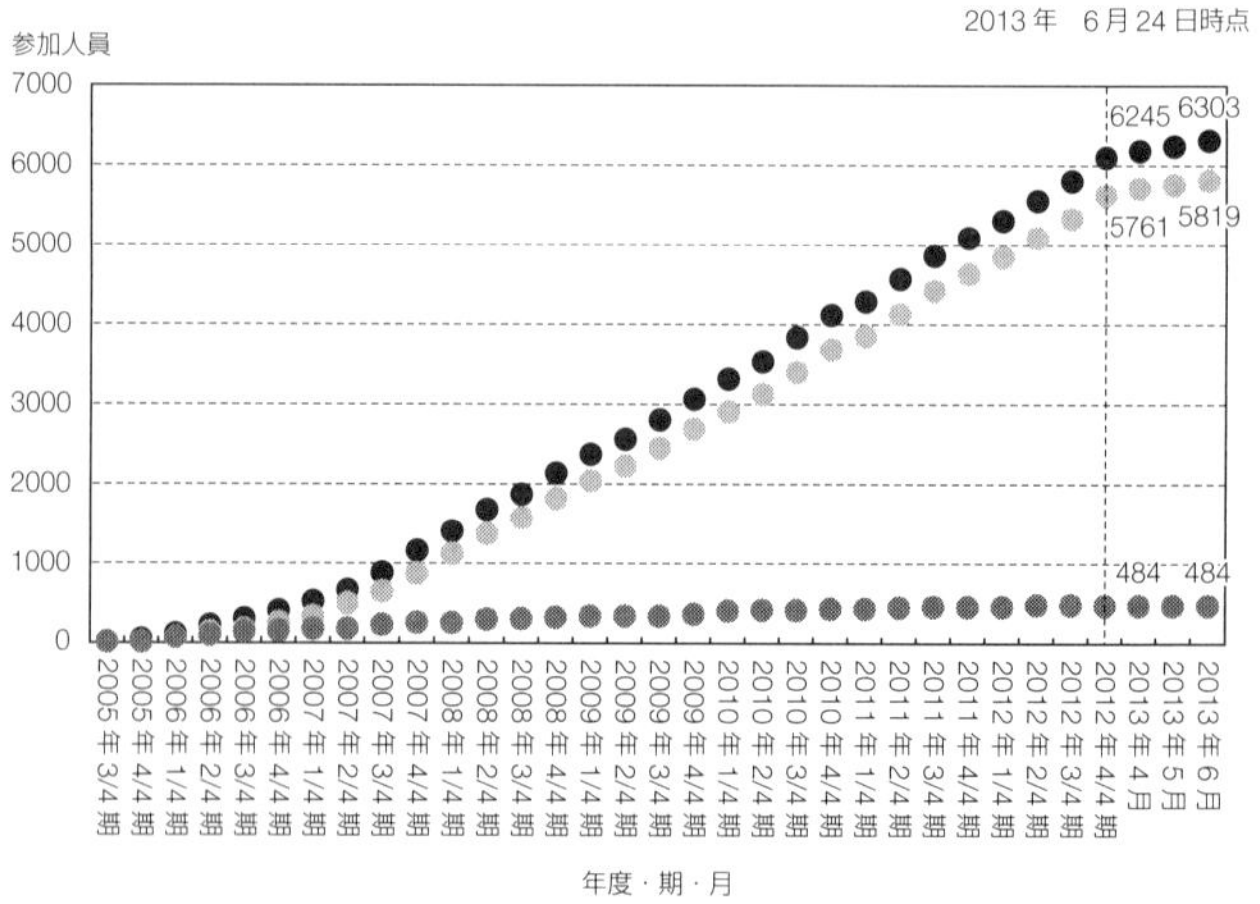

図 3　日本開催の DNA 研修受講者

が大きく広がって、延べ１８０００人に及んでいる。

このように、今では一見華やかに見えるモノづくりＤＮＡ研修だが、発足当時は必ずしも華やかなスタートを切ったわけではない。当時の社長と喧嘩とも思えるような大激論の末、社長からは「三行半」を突きつけられ、駄目なら1年で止めてしまえばいいという気持ちと同時に、1年で絶対に認めさせるという信念のもとで、私はモノづくりＤＮＡ研修の立ち上げを試みた。

それがどうだろう。モノづくりＤＮＡ研修に応募をしてくる研修生は増え続け、いつしか議論を交わした当時の社長さえもが、研修の様子を伺いに来てくださるようになっていた。

人生を方向転換させた発表

今から10年前の２００３年。三重県いなべ市大安町にあるデンソー大安製作所・点火製造部の工場長として仕事をしていたある日のこと、私のところに、

「品質管理大会で発表をしてほしい」

との依頼があった。

デンソーでは毎年11月を「品質管理強調月間」と定めている。その一環として「品質管理大会」を行い、業績を上げた事業部や関係会社の役員が発表する場としていた。その依頼があっ

た当時は、私のデンソーでの仕事が終わりに近づいている時期であった。いずれ、デンソーの関係グループ会社であるデンソートリムに出向することが決まっていた。その頃すでに37年間デンソーに勤めており、次は別の会社で心新たに新しい仲間と共に会社経営にどう貢献できるか気持ちが高ぶっている時であった。

そんな中、「品質管理大会での発表」という依頼を受け、あまり乗り気ではなかった。私の気持ちはすでに新たな門出に向いていたからだ。今思えば、「乗り気でない」という気持ちが、そこから起こる人生の方向転換を示唆していたのかもしれない。これがデンソーでの「最後の仕事」だと位置付け、潔く全てをやり遂げる気分で、1000人の聴講者を前にこの会社で行ってきたことについて、発表を行った。「デンソーでやれることはやり尽くした」55歳だった。

社長からの電話

ところが人生というのは、思ったように進むものではない。品質管理大会を行った数日後、当時の深谷社長から電話がかかってきた。デンソーでは、従業員は社長の顔を写真でしか見たことがないというほど、社長というのは遠く雲の上の人のような存在だ。オフィスで作業をしていた若手社員が社長からの電話を受けた。

「深谷ですが」

と名乗られて、

「どちらの深谷さんですか？」

と失礼な応対をしてしまったのは、無理もない。

「社長の深谷ですが」

と言われて、それでもまだピンとこなかった。

社長が工場に電話をかけてくださったのは、私に「品質管理大会の発表のお礼を言いたかった」という理由からだった。それを聞いて私は驚き、わざわざ社長自らお礼の電話を頂くなんて、品質管理大会での発表をやって良かった、という嬉しさが沸き起こった。

しかし電話の理由はそれだけではなかった。

「デンソーに残ってほしい」

という社長の言葉を聞いたときは、「なぜ今さら……」と困惑した。

まだデンソーに、自分のやることがあるのか？

「君の後継者をつくってほしい」

品質管理大会での私の発表が、幸か不幸か、社長の目に留まってしまったのだ。

「デンソーに残って、君の後継者をつくってくれ」

当然私にはもう次の仕事が決まっていたので、断る以外の考えはなかった。

「デンソートリムに決まっているので、無理です」

私ははっきり断った。これ以上デンソーで働くことは考えられなかった。今思えば、会社に勤めている以上、社長命令に「嫌だ」と断りを入れるなんて、こんな道理が通るはずがない。

「会社に残って、君の持っているマインドを、教えてやってほしい。君みたいな人を年に一人でも良いから、つくってくれ」

「無理です」

社長自らの依頼とあってありがたい、だけど全く気乗りしない。当時の部長と一緒に3回くらい断った。私の心はすでに新しい人生へと向かっていた。第一、自分の「やんちゃ人生」を振り返ると、後継者など作為的につくるなんてできないと思った。それでも社長はあきらめない。とても思いの強い人だった。そんな社長の気持ちを考えると、どのように答えればよいのか、分からなくなってしまった。それでもやはり断りたかった。

結局、私は思いと裏腹にデンソーに留まることになってしまう……。

デンソー本社は愛知県の刈谷市にある。社長の依頼を引き受け、三重県に住んでいた私が本社のある刈谷市まで通うとなると、ずいぶん遠い。

「遠いなら、好きな時に来て、好きな時間に帰っていいから」

社長がそこまでしてでも私に会社に残ってほしいということが、正直凄いと思った。社長は会社のシステムを無視してでも、自分という人物を評価してくれている。

それでも心動かず。心、新たな人生にあり！

「真弓、社長にそこまで言わすか！」

親しくして頂いていた当時の小川専務（のちの副社長）が、笑顔で言った。

「男だったら、受けろ！」

男だったら……。

男だったら、とまで言われて、断れるだろうか。振り返れば愚かで悲しい性だ。その言葉がきっかけで、滞っていた心が動き始めてしまった……。

岡田工場長の言葉

そして私の師であった、岡田工場長（初代点火工場長）の言葉が頭をよぎった。あれはもう30年も前のことだ。深谷社長はその頃まだ生産技術課の課長だった。新しいラインの設置で工

場に来ていたその深谷課長を見て、私の恩師であった岡田工場長が、

「あの人は将来、社長になるかもしれない。ああいう人が社長になったらいいんだけどな……」

と言っていたのを覚えている。

理屈で人は動かない。人間を根底から動かすには、深い納得と感動がなくてはならない。岡田工場長は、私にそのような納得と感動を与えてくれた上司だった。

「この人のためなら！」

岡田工場長の下で働いていた頃は、そんな気持ちでいつも仕事をしていた。岡田工場長が退職されてからも、自分はいつも何か決断をくだす時、「岡田工場長だったら、どうするだろう」と思ったものだ。その恩師である岡田工場長が認めた人が、今の社長なのだ。その社長に、自分は会社に残れと言われている。まさに三顧の礼とはこのことではないか。私の歩む道は、まだここにあるのかもしれない。

毎日工場で働いていてくれている人たちの気持ちを伝えられるのは、自分しかいないのかもしれない……。

社長との激論……、そして葛藤

1年半後、私は社長室の中にいた。

別会社へ行くという新たな人生を手放し、結局デンソーに残っていた。本来ならすぐに本社へ席を移さなければならなかったのだが、まだ気持ちが乗らず、引き続き工場長を半年やった。「まだ真弓は来ないのか」との声に押され、正直後ろ髪を引かれる思いで本社に席を移した。本社では生産管理部に椅子を得て1年、誰からも指示はなかった。私は自らは動かず、社長からの依頼はそのまま放置しておいた。社長の依頼内容が、自分の考えとどこか合わないところがある……、と感じていたからだ。私の中に何か、腑に落ちない部分があった。

その1年間は、若い技術者の相談相手となっていた。しかし、そのうち社長がしびれをきらし、「どうなっているのだ」と、様子を伺いに訪れた。社長は忘れていなかった。

「デンソーのモノづくり。三河のモノづくりを教えてやってほしい」

三河のモノづくりとは、トヨタが自動車産業を発展させた愛知県の地域が三河地方であるためそう呼ばれている。概念的には図4のことである。それを具現化するために、それぞれの人が日々がんばっている。

しかし響きの良い言葉を並べるのは簡単だ。そういった言葉は、使い方を間違えると、従業員のおごりになって終わるだけである。私も「デンソー流」が何かを悩んだ時期があった。そして結局それが何なのか、何をすれば良いかが分からなかった。だから逆にそういう言葉は一切使わず、言葉に捕われずに考え、工場を良くしていくための方法を、活動体系として作り出してきた。

- お客様のために。
- 絶えず、先端を行く。
- 風通しの良い、職場風土。
- こだわりを持つ。
- とことんやり抜く。

図 4　三河のモノづくり

社長の依頼

社長の熱き思いはよく分かる。現に私は三河でモノづくりの勉強をさせていただき、多くを学んだ。社長にまかされた立場として、私は本音で社長に質問をした。

「デンソーのモノづくりって何ですか？　どこに書いてあるんですか？　形としてあるんですか？　……」

社長の私への依頼は、デンソーのモノづくりを伝承し、

「海外拠点での工場の管理監督者を育てる」
「一人でも良いから工場を任せられる日本人の社員を育成する」
という2点だった。

海外に関しては、全世界に広がり、国、習慣が異なってもモノづくりに携わる心は一つでありたい。モノづくりの心が分かる現場監督者を育成したい。

日本人の社員に関しては、どんな仕事にも「こだわり」を持ち、仕事を継続して行っていけるようなマインドを持つ社員を、一人でも良いからつくってほしい。そのOJTを私に行ってほしいというのだ。

人の育つ環境づくり

「デンソーのモノづくり・三河のモノづくり」の概念を伝えるだけでも難しい。さらに自分の知っていることを一人の人に伝えていくだけでは、何も起こらない。人を育成するというなら、対象者は幅広く持つべきだ。色々な資質を持った多くの人の中から、理想的なマインドを持った人が自然に、かつ自発的に生まれてくればよいのだ。私にできることがあるとしたら、そういった人が生まれるための場や環境をつくり、着火役になることだ。それは私が今まで工場で行ってきたことでもあった。

「人を一人育成するだけでは駄目だと思います。効果がないと思います。第一、そんな人は育てようと思っても育つものではないですよ」

私は遠慮することなく、自分の考えを社長にぶつけていった。

工場での仕事は一人でするものではない。大切になってくるのはチームワークだ。そして製造業に必要なマインドや手法の体得は、それらが体験できる場や環境がなければ可能とならない。例えば、製品の品質を良くするための帳票や作業要領書などといった様々な道具を取り囲み、実際に生産ラインを触りながらチームで考えて議論する場をつくる。相手に物事を正確に伝える難しさを体験し、仲間との絆、心の気付きを得る。そこから新たな困難に挑む力や興味が、自然に、かつ自発的に生まれてくる。

社長との議論

私は不器用なので、自分がやってきたことしか人に伝えられない。現場の最前線で物を作る人の苦労は分かっているつもりだ。私がやるのなら、「心」を持って仕事のできる人を育てていきたい。また、「心」だけでは十分ではないので、品質をやるのであれば品質に特化した、生産なら生産に特化した道具を使い、学ぶべきだと訴えた。

そのために、人を育てるなら国内外で働く全ての人を対象に、「将来を見据え、プロセス重視で集団の力を引き出す仕事の進め方や手法」を教えたい。

また、やるからにはそれが世界で通用するか試したかった。

「そんなことが、海外の人を相手にしてできるのか？　手法の教育は、それを専門にしているところに任せておけばいいんだ」

社長のすばらしいところは議論を嫌わない点だった。思いの強い人だった。私の話もしっかり聞いてくださった。しかし妥協はしない。そのうちに、お互いの思いと思いがぶつかり合い、平行線をたどることとなり、私はついに言ってはいけないことを言ってしまった。

「だったら社長は、一体何がやりたいんですか！」

「分かった、君の好きなようにしろ！」

お互い違う意見を持っていたものの、目指すところは同じだということは分かっていた。会社に求める姿、というのは同じだったのだ。ただ、そのプロセスやアプローチにおいて、社長と私の考えが一致することはなかった。

悔しさを胸に

私はまた、社長に引き止められたことで自分の新たな人生をあきらめデンソーに残ったにもかかわらず、残れと頼んでおいて好きなことをさせてくれないのが、悔しくもあった。引き止めておいて、託してくれない。

自分は言ったことは責任を持って最後までやる。信用してくれという気持ちだった。残念な思い、これからの責任を背に、私は社長室を去った。

思いが届かなかった悔しさは、更なる活力を引き起こす。

あきらめるか、とことんやるか、それは各個人が自由に選択すればよいことだが、私はこれまで、会社のルールを変えてでも自分の信じたことを最後まで貫き通してきた。自分が納得のいかないと思ったことを、昇格や上司のご機嫌取りのために行うことなど、私にはできないことだった。会社をクビになるのも覚悟で、やりたいことはやる。ただし、自分が信じて行っていくことに対する責任はすべて引き受ける。一度やると決めたことは、どんな障害でも乗り越え実現させる。それに伴う結果も出していく、出していけると信じる心が必要だ。自分を、自分のしてきたことを、自信をもって信じること。

もちろんそのように自分の意見を述べる者には、反対意見が必ず待ち受けている。本音を言えば、墓穴を掘る。自分が必ず理解をされるとは限らない。しかし理解をされなかった時の悔しさが、実は大変なパワーを持っている。振り返れば、これまでの私の仕事の原動力のほとんどが、この「反骨精神」だったような気がする。

モノづくりＤＮＡ研修もしかり、社長との議論の末、悔しさを胸にようやく始めることになった。

第2章 魅力ある仕事の進め方

議論を尽くした末に！

固有技能では補えない職場の課題

デンソーでこれまでに仕事の質を向上させるための教育がなされてきていなかったのかというと、決してそうではない。例えば、デンソーには約60年の歴史を誇る「デンソー技研センター」という、固有技能を主体とした教育を行う組織がある。そこからは技能五輪へ数多くの選出者を出し、金メダル、銀メダルなどを獲得している。さらに、各工場には「技能道場」という訓練所があり、製造業に必要な溶接・組立て・ねじ締め・はんだ付けなどといった固有技能の教育は、長年そういった場所で十分に行われてきている。

これらの教育がデンソーを支えてきた力の一つである。

このように個人の技術・技能を高める教育はあったものの、毎回同じ物を数多く作り続ける現場において、「いかに集団の力を発揮し良いものを作り続けるか」ということについての意気込みや掛け声はあっても、それを具体的に伝える方法がなかった。また、現場で働いてくれている作業者の「繰り返し作業の信頼性」をどうやって高めるかということも、人それぞれで画一化されていない。現場の人というのは昔から先輩の見よう見まねで仕事を覚えてきた。しかし学んだことを上手く体系化できず、仕事の指導を行う監督者というのは、フラストレーションを感じざるを得なかった。

しかも現場というのは、１０００万台良品を作っても当たり前。１台でもお客様に迷惑をかけてしまうクレームを発生させると、「あの職場は……」と、その体質までも批判されてしまう。この厳しさが現実なのだ。

生産とはまさに、毎日長時間作業をしてくれている作業者のおかげで成り立っている。

作業の時間は緻密に計算され、製品を1個作る時間（サイクルタイム）も決められており、作業者はその時間内で収まるように製品を作り、品質をチェックしてくれている。ほとんどの時間を良品を作ることにあててくれているが、人の作業なのでふとした時に不良品を作ってしまうこともある。

それならば人の代わりに機械で製品を作っていけばよいわけだが、予算や技術がどうしても足りないところは、すべて人の作業で補っていかなければならないのが実情だ。よってヒューマンエラーという課題は、製造業にはつきものであり、それが顧客からの大きな信用問題へと発展しかねない。

厳しい見方ではあるが、固有技能だけではヒューマンエラーは防止できない。これは、多くの企業が感じている共通の課題であると私は思う。

職場体質を変える量産技能

私は点火製造部で生産現場に勤めている間、不良低減のために、いくつかの活動をつくり上げてきた。１９８４年には「朝一」活動を開始。第４章で詳しく記すが、この活動には発生した不良品を毎日自己申告で朝一会場に展示し、みんなで問題を共有することで、早期解決しようという思いがあった（始めは「朝市」と名付けたが、不良品が市場のように栄えて増えては困るので、朝一番に行うという意味で「朝一」という名に改めた）。

不良品を隠したがるのが人の心理。しかし問題を隠している限り、「現場の苦労は誰も分かってくれない」。それでは現場は良くならない。よって問題をさらけ出しやすくする環境や仕組みをつくることが大切だ。「一個の不良の価値」を見いだし、失敗で人を責めず、みんなで問題解決に取り組めば、必ず現場は良くなる。

工場長の指揮下で行われるこの活動は、不良が発生した原因や対策について管理監督者が発表する機会でもあり、この活動を彼らの「育つ場」としても活用してきた。不良低減だけでなく、人材育成の場としたのだ。ただし不良品をさらけ出せるような良い朝一活動にするには、工場長が管理監督者や作業者の苦労を分かっていなければならない。それには、人がどうして不良を作ってしまうのかを理解する必要がある。

例えば大変優れた固有技能を持った作業者が10人いる生産ラインなら、不良品を一つも作らず、品質も最高かといえば、必ずしもそうではない。日常生活でもふとした時に、うっかり赤信号を無視して通り過ぎることがある。自分の命が危険にさらされている時でさえも、失敗をするのが人間。ましてや作業者が長時間同じことを毎日毎日繰り返す中で、ミスを一つも起こさないようにするなんて、不可能だと考えるべきである。

そうはいっても仕事なので、できるだけミスは起こしたくない。もちろん、最初に私たちが理解しなくてはならないのは、作業者はミスを起こす時間よりも、良い製品を作っている時間の方が、よっぽど長いという点だ。その上で、「いかに不良を作らなくてもよい環境をつくってあげるか」ということを考えなければならない。そして作業者も「私はこのようにしているから不良を作らない」と言えるようにならなければいけない。

後に、この「朝一活動」はデンソーと取引のない国内外の企業においても、口伝えで伝わり「朝一」や「朝市」という呼び方で行われていることを聞いたり、新聞で見たこともある。「どうして朝一活動が誕生したのか……」その心も分かってほしいと願う。

朝一活動で成果を挙げ、クレームが激減した。しかし「起こった事象」を解決していく一方で、工程の信頼度を高めたいとの思いから「**工程信頼度ランクアップ活動**」（１９９０年）を起こした。実践的サイクルが回せるようにＱＡネットワーク(1)という品質管理の手法を改善して、フル活用することで、「まだ発生していない不良」を、「予測予防」で先取り、改善をしていく活動である。

さらには、誰が作業してもミスなく正確にできる「作業要領書」をみんなで作成。その要領書を使い、要領書通りに作業できる人を増やし、生産ラインでの作業者のがんばりを見えるようにした「**工程プロ活動**」（１９９１年）をつくり上げた。この活動で、作業者のやる気、人の作業の信頼性を高めることに成功した。

点火製造部では「朝一活動」「工程信頼度ランクアップ活動」「工程プロ活動」からさらなる予測・予防活動として、「**多面的思考力の拡張**」が必要と考えた。５Ｍ１Ｅ(2)を包み込むようなコミュニケーションを行っていくことで、想像力豊かな発想ができる職場環境へと変え、生産台数が年々増える中、クレームを限りなくゼロに近づけていくことを可能としてきた。

しかし以上のような活動は、生産現場だけでは行っていくことはできない。不良の発生を抑えていくには、例えば設計段階で問題を解決する必要がある場合もある。または生産技術、検査、保全、品質保証など関係部署と一緒になり活動を行っていかない限り、問題の解決ができない。

よって朝一活動には、牛産に携わる部署すべて（工場職制、生産技術・検査・保全・工機・ＴＩＥ(3)・場合によっては製品設計の課長）が参加。工程信頼度ランクアップ活動でも同様に製造にかかわる部署を全部集めて検討する。工程プロ活動は、作業者と管理監督者が一緒になって行う。このように量産では、「集団の力を上手く発揮できる仕事の進め方」をしていかない限り、良いものを作り続けることはできない。

（１）ＱＡネットワーク（キューエーネットワーク）

品質保証（Quality Assurance）や品質管理（Quality Control）をするためのツールの一つ。製造ラインの各工程で発生の可能性がある不良と、それをどのように発生・流出防止しているかを一覧表にしている。

（２）５Ｍ１Ｅ（ゴエムイチイー）

Man（人）・Method（方法）・Measurement（測定）・Material（材料）・Machine（機械）・Environment（環境）の頭文字。不良の原因を推定・調査する際や、工程の変化点を管理する際等の区分として使われる。

（３）ＴＩＥ（ティーアイイー）

Total Industry Engineeringの頭文字。ＩＥとは、作業のムリ・ムダ・ムラをなくして仕事の価値を高める技術・技法のこと。ＴはＩＥを全員で実践する意味を持っている。

量産技能とは

私はモノづくりDNA研修の立ち上げにあたり、この「集団の力を発揮して量産を行う」ことと、「作業者の繰り返し作業の信頼性を高める」ことの2点に注目をし、これを「**量産技能**」と名づけた（図5）。そしてモノづくりDNA研修では、この「量産技能」をいかに身に付け、継続的に行っていくかということを、マインドも含め体系的に教えていこうと考えた。

そのためには「いかに仕事を進めるか＝How to」という「手法」の面と、「なぜそれを行うのか＝Why」という「納得」の面、この両方を満足しなければならない。現場の「How to（手法・方法）」を具体的に活用し、その中で「Why（なぜ・納得）」を研修生自ら「あっそうか！」と「気付く」ように仕向けていく。そしてこの「気付き」が、研修の最も大切な部分と考えている。なぜなら「気付き」とは、自分の心を、実現したい姿や夢に向かって動かす第一歩だからである（図6）。

一つの気付きが生まれれば、実現したい姿にたどり着くために必要なさらなる「How to（手法・方法）」を学びたくなる。これは、趣味の世界でも同じ。一つ何かが向上すれば、またさらに上手くなろうという熱意が生まれるものだ。研修生が自ら気付き、彼らの中で悩んでいた現場管理のやり方が解消されることで、彼らは「理路整然」と仕事を行えるようになっていく。

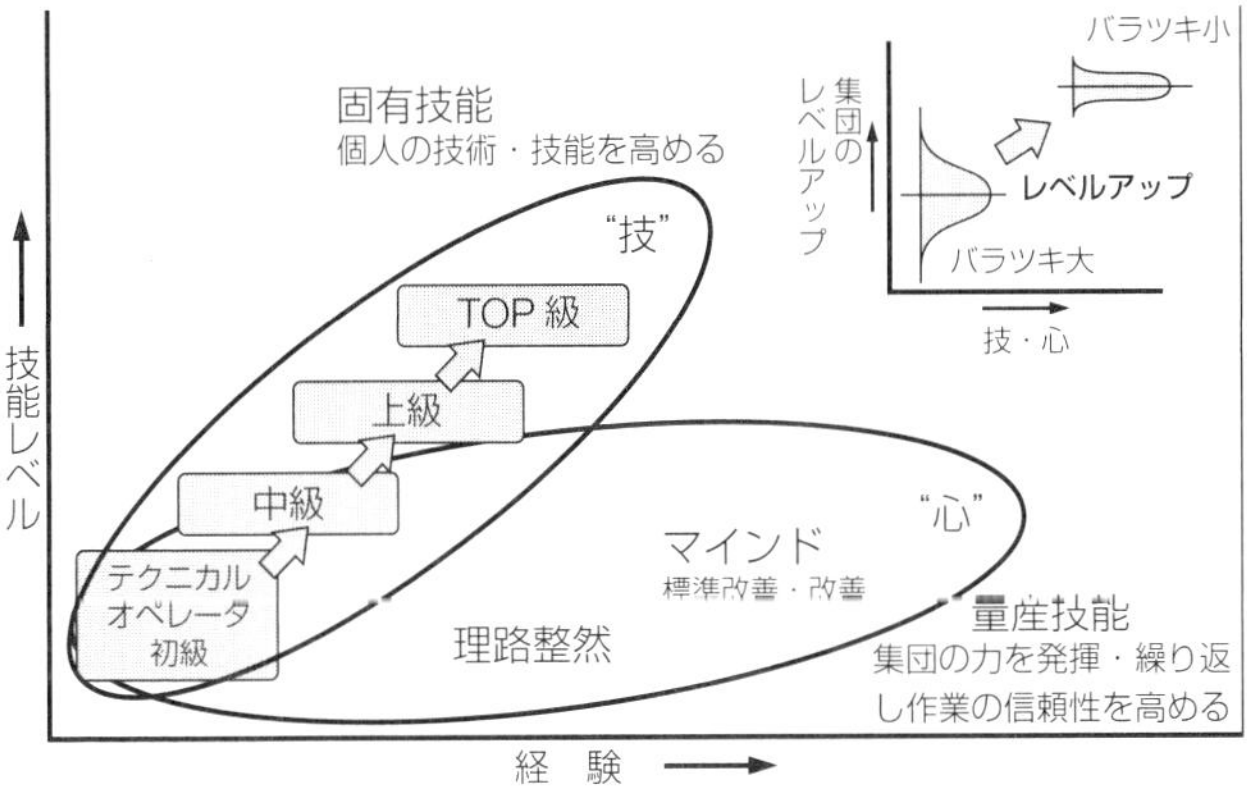

「量産技能」=「集団の力を発揮して量産を行う」こと+「作業者の繰り返し作業の信頼性を高める」こと

図5　固有技能と量産技能

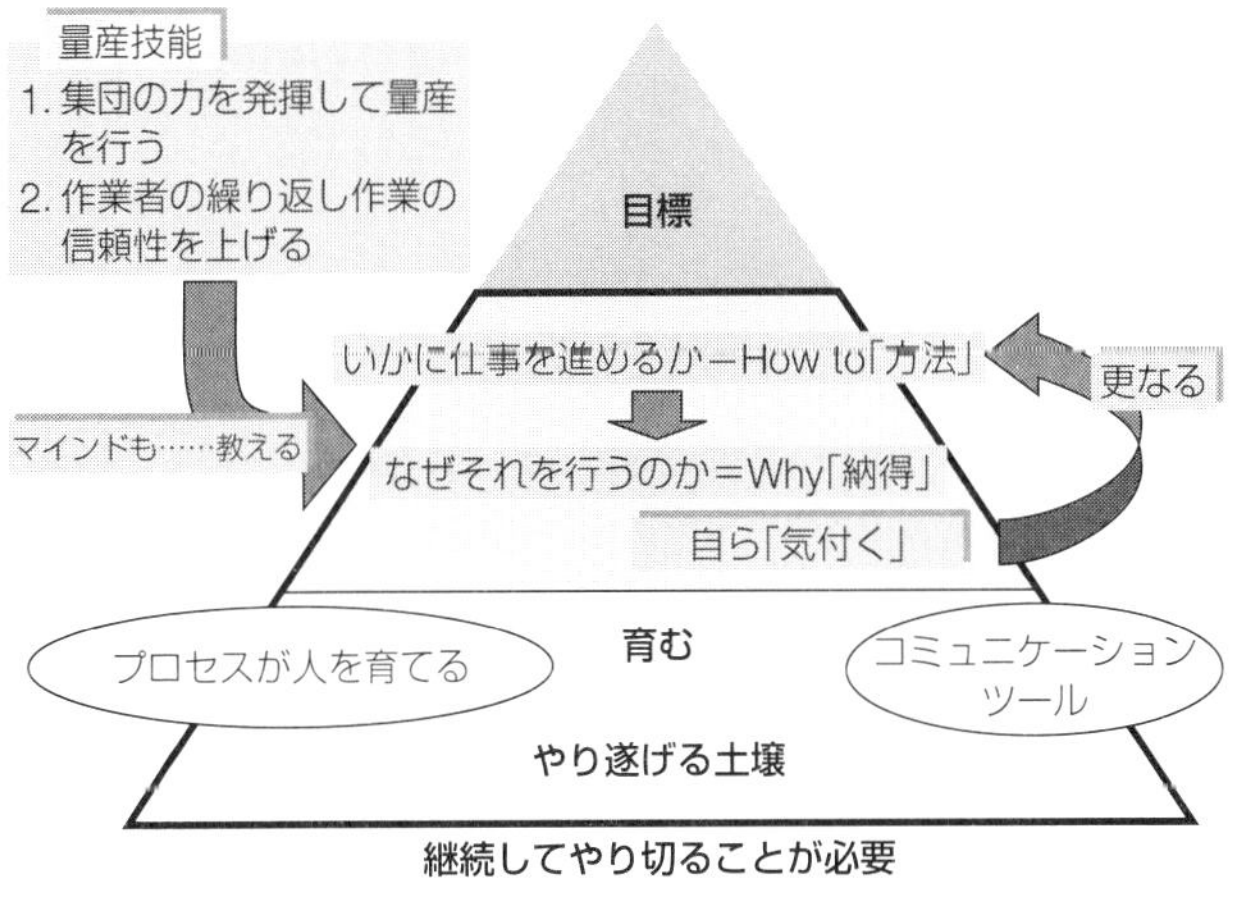

量産技術をマインドも含め体系的に教えるために，現場が良くなるツールを使ってケーススタディーを行い，なぜこのツールを作ったのか研修生自ら「気付く」ようにする。

図6　研修の基本的な考え方

現場は「泥臭いところ」といわれてきたが、現場だからこそ「理路整然」であるべきなのだ。

魅力ある仕事の進め方

継続できるモノづくりの考え方・仕組みを構築するには、「魅力ある仕事の進め方」を覚えなければならない。その魅力とは、「理路整然」であることであり、「理路整然」であることでまた、人から後ろ指をさされないモノづくりができる。理路整然であることとは、きちんとしたプロセスで仕事を行っているということが確立された証拠。納得して仕事ができている証だ。そういった魅力のある仕事の進め方をしない限り、集団の力は発揮できないし、職場体質も向上しない。

第3章 職場と職域を超えた「一体感の醸成」

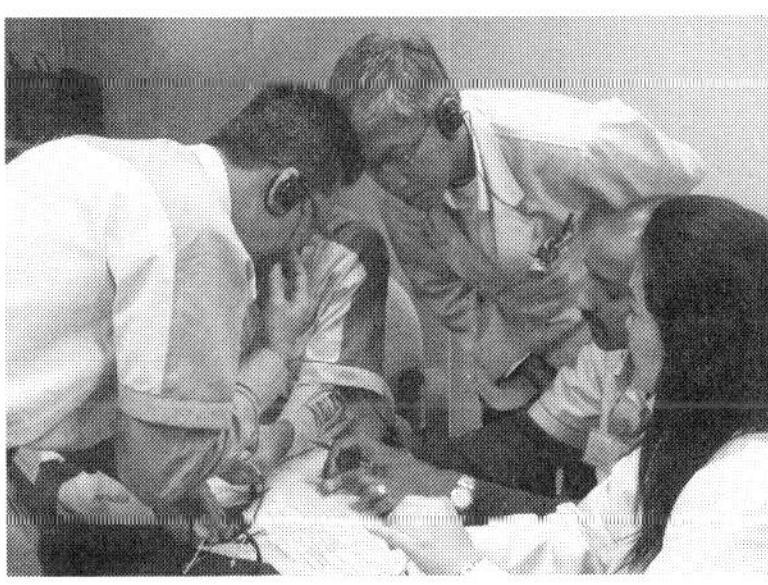
心は一つ

厳しい道を行く――研修の評価を研修生にゆだねる自主参加型

前章で書いたように、私はそこまで考えて社長と議論したのだ。それでもなぜ社長が分かってくれなかったのか……。

悔しさは、消えることがない！

自分のやり方を絶対に認めてもらいたい。認めてもらうために、一番厳しい道を行く。私はモノづくりDNA研修を、社員の「必須教育」という位置付けにはしなかった。「受けたい人のみが受ける」。つまり、「自主参加」という形で受講生を募集するのだ。

研修が良くなかったら、受けたい人はいなくなる。本当に良い教育かどうかという中身の評価を、受講生にゆだねるのだ。もし研修を受けた結果職場が良くなり、そこから更に受講を希望する研修生が増えれば、私のやり方が間違ってはいなかったという証になる。

そもそも何かを学ぶということは、「押し付け」や「お膳立て」であるべきではない。前もってそこに準備された教育を、「受けなければならない」というような必須教育では、人は多くを得ないだろう。趣味の世界でもゴルフをする人なら目標のスコアを出すために「自発的」に練習し、手ほどきを受け、本などを読み、向上しようとするもの。仕事や教育も、それと同じであるべきだ。

しかしながら、一般的に教育というと「やらなければならない」指名必須型のものが多い。「自分が学んでいるのはなぜか」ということを、受講生が分からないまま教育を受けていることもある。ましてや、「その教育を受けないと昇格できない」というようなものになると、本末転倒になってしまう。そんな教育を受けたとしても、そこには受ける側の感謝の念も生まれないし、学びも少ないだろう。ともすればそういった教育は、主催者側の自己満足と講師の仕事の確保のみで終わりかねない。「本当の教育の意味」を考えると、「自主参加」の方が理にかなっている。

自主性と資格

私が教育をそのようにとらえるようになったのには理由がある。入社当時のことだ。会社にずいぶん馴染めないでいた私は、何度も会社を辞めようと思ったことがある。数字を追う社会。結果のみで判断をする人間像が気に入らなかった。結果は大事だ。しかしそれだけではなく、「過程」も大事であり、がんばって努力している姿を支援したい……。そんな思いを持ちながらも組織の中でやっていく難しさを感じ、会社以外に楽しみを求めていた。

夜は寮兄という立場を利用し社員寮で博打をする日々。競艇の選手にも興味があり競艇選手を育てる本栖湖へ視察に行ったが、選手になる前に亡くなられた方の石碑を見て「これは違うな……」とあきらめる。そこで、プロボウラーになろうと決心。仕事が終わると毎日ボウリングに通っていた。挙句の果てに、三河地区初のアマチュアパーフェクトボウラーとなった（写真1）。

しかし決心とは裏腹にボウリングでパーフェクトを出したことで、達成感からプロボウラーへの熱が冷めてしまい、私の意欲がいつしか少しずつ、仕事の方へと向き始めていた……。

「自分には、仕事しかないのかもしれない」

気持ちがやっと仕事の方へと向いたことで初めて、仕事への興味、向上心が沸いてきた。ちょうどその頃、生産現場の人たちが一生懸命「国家技能検定」のための勉強をしていた。私

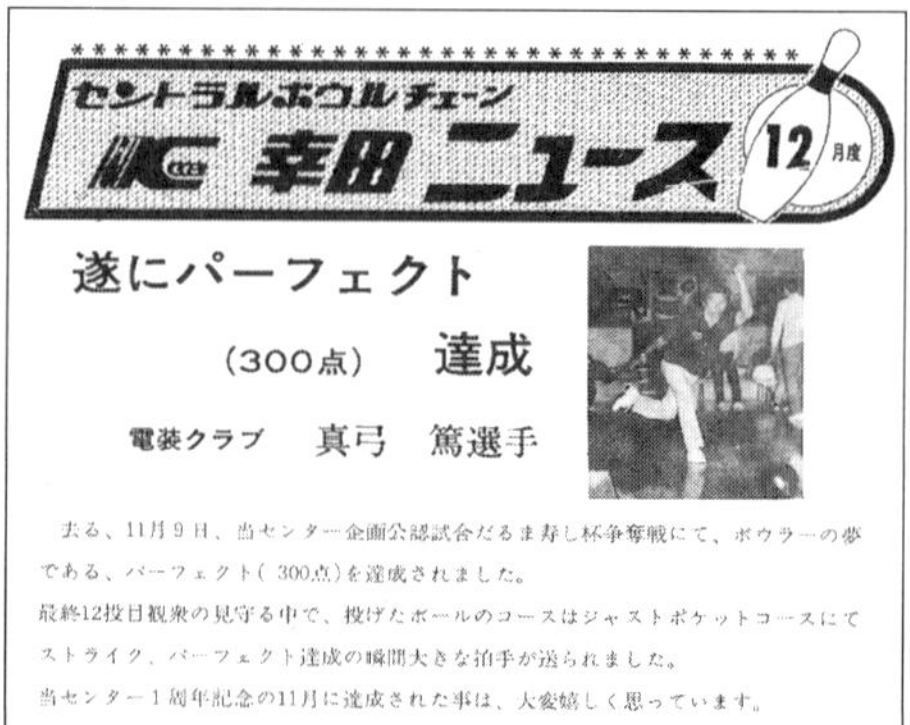

遂にパーフェクト

（300点）　達成

電装クラブ　真弓　篤選手

去る、11月9日、当センター企画公認試合だるま寿し杯争奪戦にて、ボウラーの夢である、パーフェクト（300点）を達成されました。

最終12投目観衆の見守る中で、投げたボールのコースはジャストポケットコースにてストライク、パーフェクト達成の瞬間大きな拍手が送られました。

当センター1周年記念の11月に達成された事は、大変嬉しく思っています。

近隣センターでも出ないパーフェクト達成に心から祝いをしましょう。

尚、当センターから記念トロフィー、パーフェクト賞金一封、賞状が送られました

写真1　三河地区初のパーフェクトボウラーになった時の記事

が工場技術のスタッフをしていた時のことだが、意欲が出てきた時期でもあったため、生産現場の同僚の姿を見て触発され、彼らと一緒に、国家技能検定を受けることにした。

実は今だから言えるのだが、ルール違反でやってはいけない、経験年数をごまかしてのダブル受験を試みた。成形２級、プレス１級を同時に受験。結果、成形は受かったが、プレスは学科が悪く、不合格となってしまった。

「仕方がない。また来年がんばろう！」

すべってしまっても、心は前向きだった。

一年後、「資格を持つことが、昇格の条件」だと知るまでは……。

「なに？　資格が昇格の条件……？　人の良し悪しを、資格で判断するのか⁉」

ここでまた、私の本音が出てしまう。それから私は一切の国家技能検定を受けることを拒否した。資格なしで工場長になったのは、私の他に誰もいない。これは人事部を困らせた一つの思い出話だが、若い頃に信じた信念・思いを私は今も信じている。

もっとも今の時点で自分の部下に、「国家技能検定試験を受けない」と言われたら、「必ず受けさせる」に決まっている。資格を持たないことで、周りの人にどれだけ迷惑をお掛けしたか、自分の部下には気を使わせたくないからだ……。

自主参加の研修

こんな自分の思い出があったので、自分が立ち上げる研修も「必須」や「昇格条件」などにはするべきではないというこだわりがあった。しかしそれは「難しい道」だということも分かっていた。自主参加では受けたい人がいなければ人は来ない。厳しい評価を下される覚悟でやらなければならない。反対に受講者が「良い教育だ」と判断してくれれば、誰かにこんな教育があることを教えてあげよう……という気持ちになってくれるだろう。

口コミとは、最高の評価だ。

自分の意思で学びに来るということ。その上で上司に承諾を得なければならないのであれば、まずは上司を説得しなければならない。そこからすでに教育は始まっているのだ。私を信じて研修を受けに来るという信頼関係があれば、相手が納得するまでとことん責任を持つつもりだ。

【モノづくりDNA研修】
- 受けたい人が受ける（自分の意思）。
- 上司を説得してでも、研修を受けに来る。
  教育は上司を説得させるところから既に始まっている（一歩踏み出す勇気）。

・研修の知名度がなくても、私を信じて受けてくれればよい（信頼関係）。

【従来の教育（例）】
・定期的に受ける必須教育
・階層別教育（役職・立場に応じた）
・社内技能検定
・昇格要件（条件）

職場と職域を超えた「一体感の醸成」――職位・職種・国が違えども仕事の本質は同じ

「受けたい人が受ければよい」という条件で募集をかけることにしたモノづくりＤＮＡ研修。社長からの依頼は「管理監督者を対象に人材育成を行いたい」というものであった。そこが私と社長との意見が大きく異なった点である。もちろん、私の信念は変わることはない。私にとっての教育対象者は、管理監督者よりも更に幅広いものだった。生産に携わるすべての人が対象。ざっと言ってみれば、作業者も管理監督者も、部長も社長もすべてが教育の対象者であり、研修は上下の壁がない場となる。

会社にはまた、「事業部間・部署間の壁」も存在する。事業部間・部署間に壁ができるようになったのは、私たちが仕事の本質よりも枠や仕組みに基づいて仕事を行うようになってしまったからだろう。自分の担当以外の仕事や、それを行っている人たちを理解しようとするという場がなくなってしまったといっても過言ではない。私はこの研修で、そういった「事業部間・部署間の壁」も取り払ってしまおうと考えた。海外の管理監督者の育成に関しても同様、国や文化の壁を感じさせることなく、日本人と一緒に研修を受ける。

モノづくりDNA研修は、あくまで本人の自主参加で、国内外・グループ会社、部署、職種、職位を問わず、所属長の許可が得られれば、誰でも受講できるのだ。

こんな研修、どこに行っても見たことがない！　そんなことが本当にできるのか⁉

【モノづくりDNA研修の対象者】
- 技術系、技能系、事務系
- 拠点長、部長～新人
- モノづくりに携わるすべての人々（図7）。

モノづくり DNA 研修の根幹

【期待する姿】

モノづくりに携わる全ての人を対象に,「元気の出る職場運営力・上手な仕事の進め方」とは何かを体験を通じ, 身に付け運用できる人

【実現に向けたプログラムの考え方】

1. 階層ごとに必要な役割や共通認識が持てる仕組みを体験する
2. 生産・準直・間接部門が融合して進める価値を伝える
3. 生産部門の運営力が身に付く場を提供する

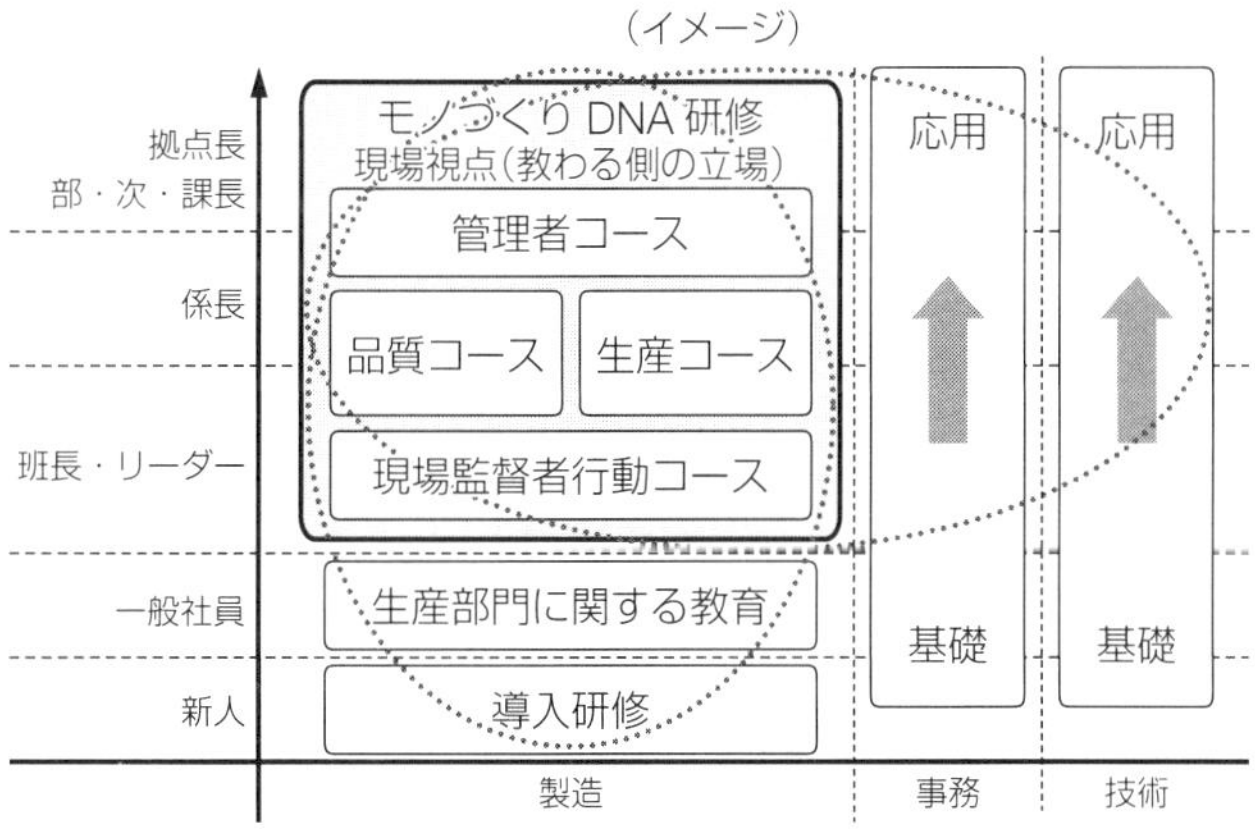

－協調・協力して仕事を進める体質・風土－

図７　モノづくり DNA 研修の根幹――一つの輪の力の証明

組織の活性化

「壁」を取り除き、色々な資質を持った人をあわせて教育するというのは、「種まき」のようなものだと考える。壁のない環境で本音で意見が言えてこそ、人を「その気」にすることができ、その人の才能の「芽が出る」のである。志を持った核となる人材とは、彼らがその気になれば自発的に生まれてくる。私が準備してあげなければならないのは、彼らの才能の芽が出るような環境を用意してあげることだ。

例えば研修で課長や部長が作業者と一緒に研修を受けると、普段生産現場に携わらない部長は、生産ラインを前に作業者の目線でものを考え、手を動かしながら議論せざるを得ない。そうすると、普段の立場では見えないことが見えてくる。特に海外の社員は作業者を経験しないでいきなり課長として採用されたトップクラスが数多くいる。その人たちが現場の現実を体験すれば、作業者の気持ちが少しでも理解できるようになる。

そんな上司の姿を見た作業者たちは、トップが目線を下げたことで仕事の「やらされ感」よりも、「共に行う」という一体感を覚える。それが彼らのやる気やモチベーションを上げ、お互いの持ち場・立場が理解でき、痛みを分かち合える風土が生まれる。

一般に教育というと、上司が部下に「受けさせる」ようなものが多い。しかし往々にして、上司自身はその教育を理解していないケースがよくある。部下が学んだことを職場に反映するにも、上司がその内容を分かっていなかったら、支援のしようがない。

この研修で行っていることを実践すると組織の活性化が起こり、おのずと職場が良くなっていく。それをトップに理解してもらうことで、研修で学んだことを職場に適応しやすい状況をつくることができる。

意識の共有

また、事業部間や部署間の壁を取り払えばお互いの得意な面を活かし合い、問題解決がより効率的かつ迅速に行える。全体最適を考え、みんなが同じ目標に向かい仕事をやり遂げ、失敗したときでも、もう一度その場に戻り、同じメンバーで一緒に考えようという気持ちになる。そのような場なら、失敗を肥やしに育っていける。そういった希望を与える職場にならなければいけない。

壁を取り除くことで解決できるもう一つのポイントは、仕事の標準化が行えるということだ。

事業部が違うから、国が、地域が違うから、品質も違う、というバラツキは「お客様を満足させる」という企業の最終目標を考えると、あってはいけない。ある部署、またはある国のデンソー製品はクレームが多く、別のところは良品が多いという姿になるべきではないのだ。みんなで意識を共有し合える場があれば、仕事のやり方のバラツキも減り、同じ品質のものを作り続けることができる。

さらに国や文化の違いで理解できないことがあるなら、共に学ぶべきである。国境・文化の壁を取り除き、海外の人たちも日本人と一緒に研修を受ける。日本人がやってきたことの証がある本場で、本当に見たり聞いたり触ったりしながら日本のやり方を学んでもらう。海外の人たちはしばしば、日本で行っていることに疑問や疑いを感じることがあるようだが、実際に仕事が行われている日本の現場で効果を目の当たりにすると、「ああ、そうだったのか」という「気付き」を得る。

「日本のやり方を学んでもらう」ことは、彼らの国の文化を否定することではない。同じ品質のものを作っていくために、どの国の人であっても、仕事をしている間の時間は、同じやり方で仕事を行おうという意識を持ってもらうことなのだ。

そして仕事は強制や説得ではなく、納得で行っていかなくてはならない。違う国の人と研修を受け、色々な意見を本音で言い合い、納得するところまでとことん議論して、進めていけばいい。そうすることで同志としての絆も強まり、海外のネットワークも広がっていく（研修生感想1）（写真2）。

研修には，国内外，グループ会社，部署，職種，職位を問わず参加可能。場合によっては通訳を活用する。関係グループ会社から借りてきた生産ラインで研修を行い，製品が変わっても仕事の進め方は同じだということを学ぶ。

写真2　モノづくりDNA研修発足当時の研修現場

（研修生感想１）

デンソーアセン
工場長　Katrina Hall（研修時、品質保証課長）

これは素晴らしいコースだと思います。特にマネージャークラスには作業者や班長たちが作業中にどう感じているのかよりよく理解ができるようになると思う。

また私にとっても、全てのシステム管理がどう一緒に合わさっていくべきなのか理解でき、自分としてより全体を見られる管理者となれたと思う。

現場の大切さも教えられ、全ての仕事は現場で行われない限り正しくはできないことが強調されていた。現場はたった1回訪れるような場所ではなく、何度も何度も足を運び確認していく場所なのだということが分かった。

研修生どうしでも私は生産現場の人間ではないので、今回生産

工程プロに実際に挑戦。

改善案についてディスカッションを行う。

Impression, opinion and request for the Mfg. DNA Training (Trainee entry)
I think that this is an excellent class, especially for Mgmt. to better understand how associates, TL's ect. feel when doing the hands-on job.
It also helps me to understand how all of the system controls should fit together and will make me a better overall manager.
It also teaches me the importance of GENBA, and emphasizes the fact that the total job cannot be done correctly without doing GENBA.

現場の方々と一緒に研修することで彼らが何をしているのかベンチマークできた。

近い拠点どうしなのでこれからは彼らの拠点を訪れ、そこでもベンチマークをしていく良い機会があると思う。学んだことを拠点に持ち帰り、品質の重要性を教えるのみならず、作業者には仕事の重要性を、もっと理解してほしい。私たちの作業者への期待も調整しながら、仕事をいかにこなしていくかを、教えていかなければならない。

それが分かったのも今回、現場の仕事の難しさを、身を持って体験したからだ。この活動をＤＭＡＴ（デンソーアセン）に戻り展開していきたい。

すばらしい講師の方々、我慢強く教えていただきありがとうございました。そして真弓さんにもサポートをしていただき、ありがとうございました。たくさん複雑な質問をして困らせてしまい、すみません。でも本音でディスカッションでき、とても良かったと思います。

第4章 良いモノを作り続ける仕事の質向上

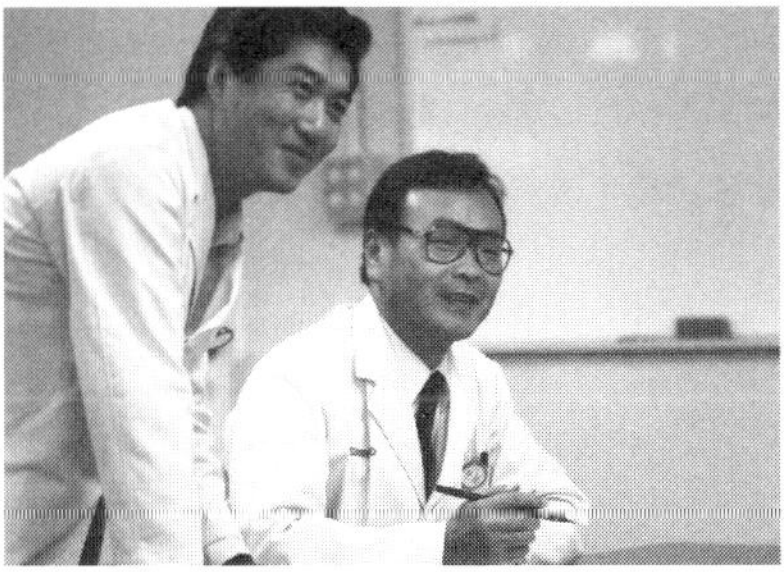

視線の先に思いを乗せて…
恩師岡田工場長と

講師も研修生も真剣勝負――製品は納入する

2005年、ついに「モノづくりDNA研修」が始まった。

研修を実施するにあたり、講師となってくれる人たちを社内から募集した。私の経験から、生産活動に必要な製品設計から量産に至るまでのステップを66項目に分け、その66項目全てについて、3か月間缶詰で、まずは講師への教育を実施した。テキストを作成、「関係グループ会社から実際に動いている生産ラインを借り」、自分の仕事の足跡がある三重県大安製作所の工場内に研修場を構えた。

デンソーでは様々な種類の製品を作っている。大きな製品ではカークーラー、メーターなどがあり、小さな製品では、電子部品などがある。デンソーはそういった製品を約180の「製品群」として分け、10を超える異なる事業部にてそれぞれ製造している。

そういった製品群の中から、一つの製品を選び、その製品作りをモデルに研修を行うと必ず、「うちの部署ではそんなことはやっていない」とか、「うちではそんな大きな製品は作っていない」という意見が出るに決まっている。つまり、製品で教育の中身を判断してしまう恐れがある。それを避けるためにも、私はあえて関係グループ会社の生産ラインを社内に持ち込み、研修を実施することに決めていた。作っている製品が変わっても、「仕事の進め方」は同じであることを気付かせるためだった。

何事も、中途半端にやりたくない。やるなら徹底的にやる。研修も生産現場のことをやるなら、生産現場にとことん近い状況で行う。実動生産ラインがあり、作業者が日々の作業をやり、出来上がった製品をお客様に納入する、という生産現場と同じ状況で。研修中に生産した製品をお客様に納入するということは、教える側も教わる側も、真剣勝負でやらなければならない。もちろんクレームを出したら、研修生に製品の選別に来てもらうことも覚悟の上である！

【実践研修の場】
- 関係グループ会社の実動生産ラインを使い、研修をする。
- 研修中に作った製品は、お客様に納入する。

研修場も一見こんなところでやるのかと思える場所を選んだ。工場の北側に構えたこの場所は、冬は雪が積もり、防寒のために窓の目張りをして、作業ジャンパーを着込む。夏はウォータークーラーと塩飴を用意し、熱中症の予防に気をつかう。

研修場の机や椅子は新たに購入するわけではなく、遊休扱いになっている体育館の机を借り、食堂のリフォームに合わせ余った椅子を都合した。特にカーテンなどは設けず、現場との境界をなくした。

すべては、ここで共に時間を過ごす講師・研修生の努力や思いが、研修場に残るようにあえてこのような場所を選んだ。つまり、「蛍の光、窓の雪」で学ぶという、学びの原点に立ち返りたかった。

【研修の場所】
- 教育環境をあえて生産現場そのままの環境で研修を行う。
- 講師・研修生の苦労や思いが残る場をつくる。

こうして大安製作所に研修場をつくったが、自分が工場長を務めた部署の工場ではあえて研修を行わなかった。自分が頭だったという立場を引きずりたくなかったのだ。研修を始めてしばらくの間は静かな時期もあったものの、研修生は少しずつ増えていくようになる。駄目なら1年で止めようと思っていたこの教育だが、受講希望する人が途絶えることはなかった。

勇気ある受講生、送り出してくれた上司に感謝！

モノづくりDNA研修——朝一が原点

品質コース、生産コースという二つのコースで、毎週月曜は新しい研修生たちが集まってくる。最大48名で研修を行う。モノづくりDNA推進室のメンバーとオフィスでの朝礼に参加するが、研修生どうし、知らない者ばかりが緊張した表情を浮かべている。中には部長もいるし、海外拠点の社長もいる。DNA研修で仕事をする予定の通訳も研修生として参加している。デンソーとは違う作業服を着ているグループ会社の人も……。

朝礼の後、各グループは一つにまとまり、点火製造部の工場見学へ行く。工場で見学するのは、「朝

写真3　研修のひとこま

一活動」や改善事例、「工程プロ活動」である。

朝一では、現場の班長が不良について発表し、工場長の指揮下で生産課、検査、品質保証、生産技術などから参加している課長・班長と議論をする光景を見る。この時点での研修生は、朝一活動を見ても、まだピンときていない。

朝一の生まれ

朝一活動は、1984年に始まった。その頃点火工場ではクレームが数多くあり、工場を良くしようと5S(4)活動を行っても結果が良くならず、「掃除ばかりしているから不良が出る」とまでけなされた工場だった。

朝一がまだ行われていなかった頃、私の恩師である岡田工場長は毎月1回「納入不良説明会」を開催し、起こった不良についての歯止め活動をしていた。私は工場技術のスタッフとして納入不良説明会の運営を担当していたが、ある時岡田工場長に、

「もうすでに起こってしまったことに対して発表していても意味がない。現場にはもっと問題があるはずだ。そっちの問題を解決する方が大事なのではないか」

という意見を言ったことがある。

今思えば、ここがすべての原点だった。

この頃から、私は上下の壁をなくして意見を述べていた。そうできる上司に恵まれていたのだ。

岡田工場長は納入不良説明会を、

「品質を良くするためだけでなく、現場の人たちの話し方を訓練する場としても活用しているのだ」

と説明してくれた。

「でも、それとこれは違う問題ですよね」

当時36歳の若造だった私が、そこにいた役員の前でこんな意見を言い、気まずい状況をつくってしまったにもかかわらず、岡田工場長は私の意見を黙って聞いてくれた。

そして、

「場所をつくれ。会場を用意しろ」と言ってくれたのだ。

これが、「朝一」の誕生だった。

（4）５S（ゴエス）

整理・整頓・清潔・清掃・躾のこと。（Sはローマ字表記の頭文字）生産活動の基本とされている。

不良を隠さない風土

長いテーブルを用意しビニールシートを敷いて、クレームになる手前の不良を、毎日展示し、問題に対して議論し対策を行った。

「お客様に迷惑をかけない」というはっきりとした目的を持っていた。

「工程内不良」というのは生産ラインの工程内で見つかるものであり、不良を「検知できる仕組み」を入れ込むことができた生産技術の力の表れともいえる。

それに対して「クレーム」は職場全体の力の弱さが原因で起こる。

品番間違え、チョイ置き(5)、端数品管理ミスなど、そのほとんどがヒューマンエラーである。

また、治具やパレットの磨耗、働く環境などといった、5M1E面での管理が原因でも、クレームを起こしてしまう。このような「職場体質の弱さ」を良くし問題を克服していくプロセスが職場力を上げ、そしてそれが職場の文化として根付く。

(5) チョイ置き

製品や工具等の物を本来置く場所ではないところへ置いてしまうこと。不良や設備故障など、問題の原因となる。

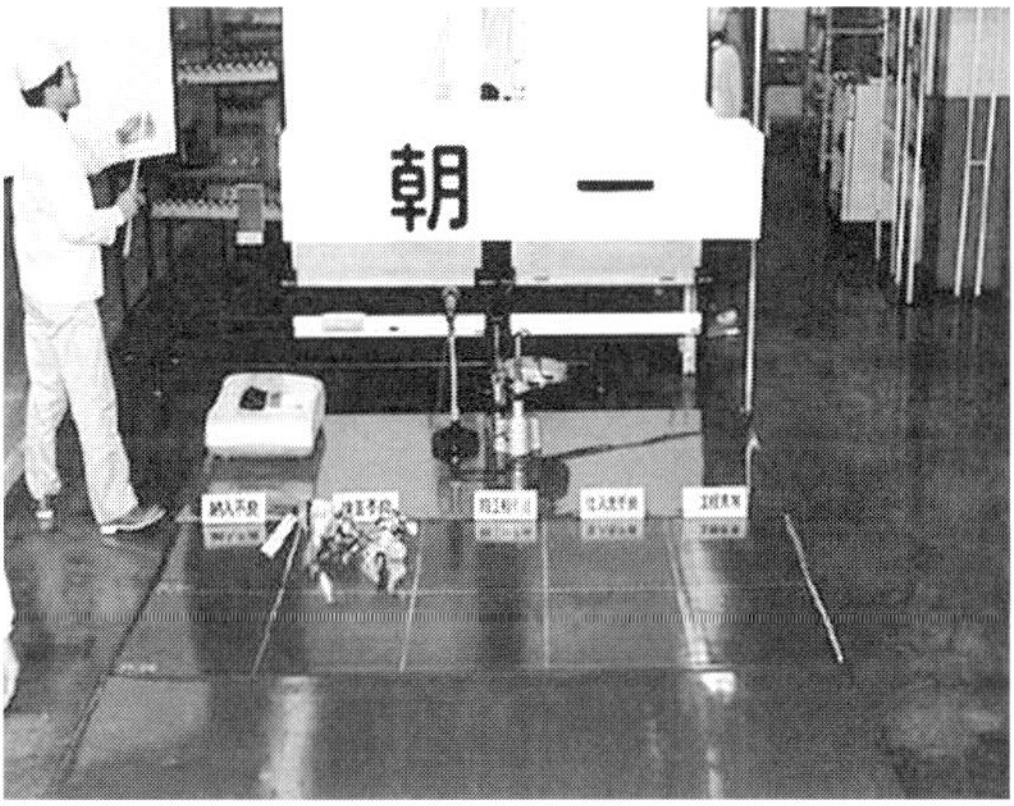

不良の多いラインからは毎回同じ職制が発表する状況となり，「朝一スター」と呼ばれる人物まで生まれたが，岡田工場長の「お前には，苦労をかけるな……」という労いの言葉や励ましをえて，不良をさらけ出す風土が根付いた。

写真４　不良について発表する工場職制

これが「朝一」だった。

岡田工場長は、毎朝「朝一会場」に集まってくる不良を見て私に「ありがとう」と言ってくれた。

「ありがとう。これなら毎日現場のマネージメントができる」

朝一で不良をさらけ出す現場の人に対しても、岡田工場長は

「苦労をかけるな……」

という労いの言葉をかけていた（写真４）。

上司が素直であること。だから現場は不良を隠さず、１年で、なんと２１１６件の不良がテーブルの上に並んだ。１９８５年のことだった。

この事実を基に岡田工場長は設計に依頼をかけ、設計の係長クラスを工場に3か月ずつ輪番で駐在させ、問題の根源を設計の段階から解決していくことができた。また設計の人たちにとっては、この経験が「現場を知る」勉強の場となった。当時設計の係長だったある人物は、常務となった今でもこの時の経験を活かし、点火事業部の設計から積極的に部下を現場に送り出している。

不良から得た情報を横展開し、自・他部署の人々と共有。朝一会場は、「お互いに気付く場」「部下の育成の場」であり、また、指揮を取る工場長も「部下から見られている場」となっている。部署間の壁・上下の壁をなくしていくという風土は、実はこのように生まれてきた（写真5、写真6）。

研修の概要

こういった朝一活動の背景を、研修最初の工場見学ではあえて話さない。このようなことは言葉で説明するよりも、研修の中で自然に体得していってもらいたいからだ。工場見学はこれから始まる研修の「予告編」のようなものとして行っている。工場見学から戻ると、研修生は品質コース、生産コースに分かれて研修現場へと向かうが、ここでは品質コースに焦点を当て、

前列中央が岡田工場長。前列左が筆者。
朝一会場は「お互いに気付く場」「部下の育成の場」であり，また，指導を取る工場長も「部下から見られている場」となっている。

写真 5　発足当時から工場長を中心に行われてきた朝一活動

朝一活動には生産に携わる部署全て（工場職制，生産技術，検査，保全，品質保証，場合によっては製品設計）が参加するため，情報や対策の横展開の場となっている。発足当時から現在までに工場長は 10 人以上代わったが，朝一活動は約 30 年経った今でも同じように行われている。私は 8 代目の工場長だった。

写真 6　発足当時（1984 年）の朝一活動

研修の紹介を行う。

【モノづくりDNA研修　品質コース】（図8、図9）

研修日数　5日間（海外の研修生は文化・言語の違いを考慮し9日間）。

研修課題　実動の生産ラインを使い、

- 生産ラインの品質に関する信頼性を上げるための手法を学ぶ。
- 人を中心にした仕事の進め方を体得する。
  （自らの気付きと議論・検証・相互の納得）
- その仕事をいかに継続していくかを体得する。
  （上司と部下のコミュニケーションと信頼性の向上）

研修で使う生産ラインは、先にも書いたように関係グループ会社から借りてきたもので、生産する製品はデンソーの製品ではないETC用のワイヤーハーネス。ワイヤを決まった長さで切り、ワイヤの先にターミナルを取り付けたりしながら、最後は出来上がった製品をビニール袋に詰め、外観検査をし、梱包するという工程がある。手作業主体の生産ラインだ。

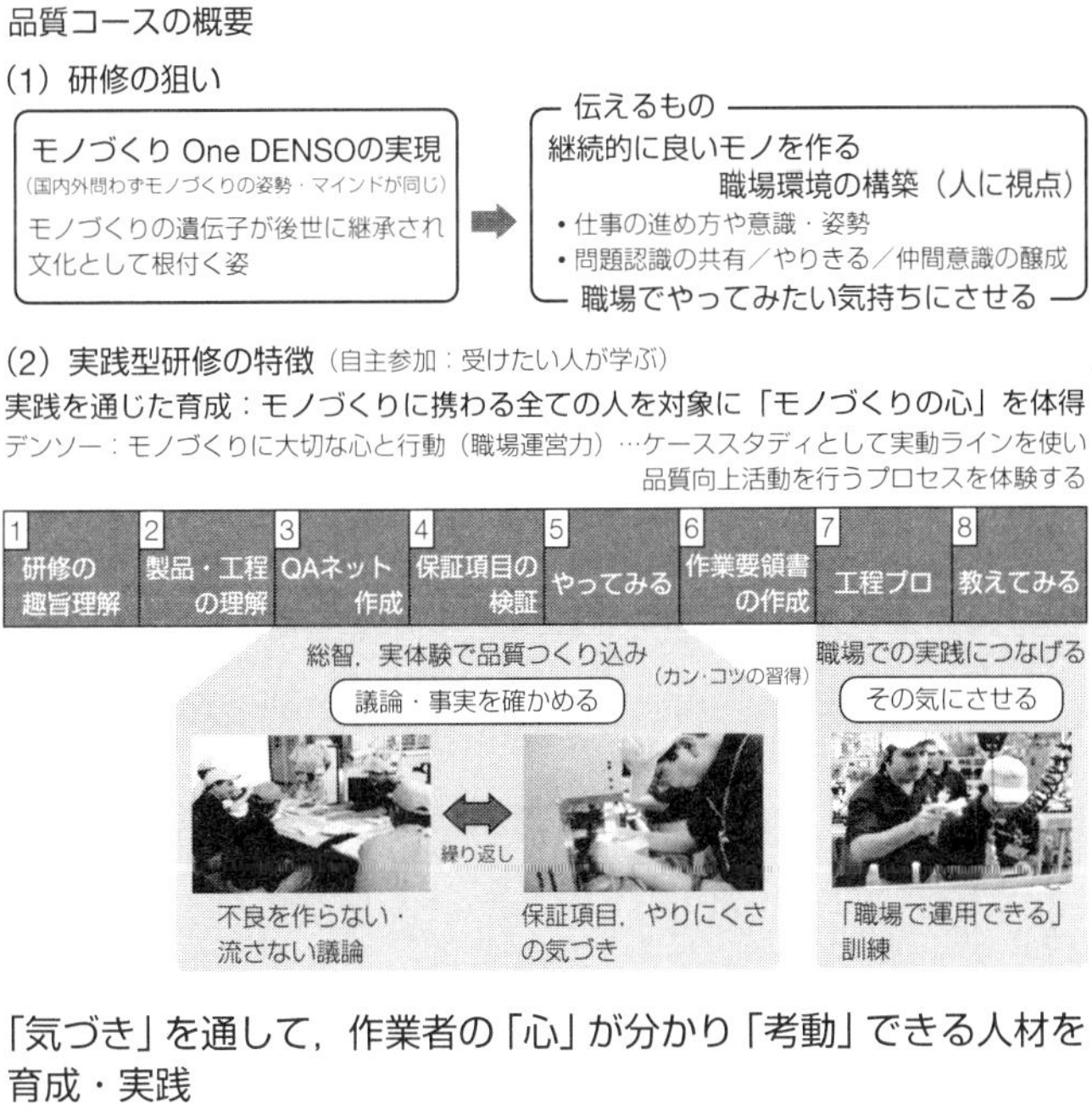
品質コースの概要
(1) 研修の狙い
モノづくり One DENSOの実現
(国内外問わずモノづくりの姿勢・マインドが同じ)
モノづくりの遺伝子が後世に継承され
文化として根付く姿
伝えるもの
継続的に良いモノを作る
職場環境の構築（人に視点）
・仕事の進め方や意識・姿勢
・問題認識の共有／やりきる／仲間意識の醸成
職場でやってみたい気持ちにさせる
(2) 実践型研修の特徴（自主参加：受けたい人が学ぶ）
実践を通じた育成：モノづくりに携わる全ての人を対象に「モノづくりの心」を体得
デンソー：モノづくりに大切な心と行動（職場運営力）…ケーススタディとして実動ラインを使い
品質向上活動を行うプロセスを体験する
1 研修の趣旨理解
2 製品・工程の理解
3 QAネット作成
4 保証項目の検証
5 やってみる
6 作業要領書の作成
7 工程プロ
8 教えてみる
総智，実体験で品質つくり込み
(カン・コツの習得)
議論・事実を確かめる
繰り返し
不良を作らない・
流さない議論
保証項目，やりにくさ
の気づき
職場での実践につなげる
その気にさせる
「職場で運用できる」
訓練
「気づき」を通して，作業者の「心」が分かり「考動」できる人材を
育成・実践

図8　品質コースの概要（工程信頼度ランクアップ活動）

<table>
<tr><th>日程</th><th>研修内容</th><th>期待する効果</th></tr>
<tr><td rowspan="5">1日目</td><td>点火工場見学</td><td rowspan="18">関係部署と融合して進める価値

作業者との共通認識

PDCAの必要性</td></tr>
<tr><td>オリエンテーション</td></tr>
<tr><td>モノづくりDNA研修の骨子・研修の概要説明</td></tr>
<tr><td>ETCライン（実習ライン）作業実習</td></tr>
<tr><td rowspan="3">QAネットワーク</td></tr>
<tr><td>2日目</td></tr>
<tr><td rowspan="3">3日目</td></tr>
<tr><td>カン・コツと作業の習熟</td></tr>
<tr><td rowspan="2">作業要領書</td></tr>
<tr><td rowspan="3">4日目</td></tr>
<tr><td>工程プロ活動</td></tr>
<tr><td>チェック要領書</td></tr>
<tr><td rowspan="6">5日目</td><td>5M変更管理</td></tr>
<tr><td>QAネットワークランプアップ改善計画</td></tr>
<tr><td>ポカヨケ機能点検・識別管理</td></tr>
<tr><td>帳票類のQAネットワークへの反映</td></tr>
<tr><td>工程プロ確認（生産実習）</td></tr>
<tr><td>モノづくりDNA研修のまとめ　（講話）</td></tr>
</table>

図9　研修プログラム

研修生には各工程の作業を覚えてもらうが、その中から一つの工程に焦点をおき、その工程とライン全体の品質保証について考えていく。

生産ラインの品質に対する信頼性を上げていくために、「QAネットワーク」と「作業要領書」という帳票を作成。それらの帳票を、ラインの信頼性を上げるための手法として学ぶとともに、上下間・部署間・事業部問の壁を取り払うための「コミュニケーションツール」としても活用していく。

予測予防の品質管理――機能と人の調和

「**QAネットワーク**」とは、生産ラインに潜む問題点や懸念点を、関係部署が集まって検討する際に活用する帳票である（図10）。QAネットワークを囲みみんなで議論をし、実際に生産ラインに出向き実物を使い検証（現地・現物）することにより、不良の発生防止や、不良の次工程・納入先への流出防止を図る（新設ラインは検討段階で実施）。

QAネットワークの活用の歴史としては、私が点火製造部で行った「工程信頼度ランクアップ活動」（1990年）にさかのぼる。それまで朝一活動で、「すでに発生した不良」の再発防

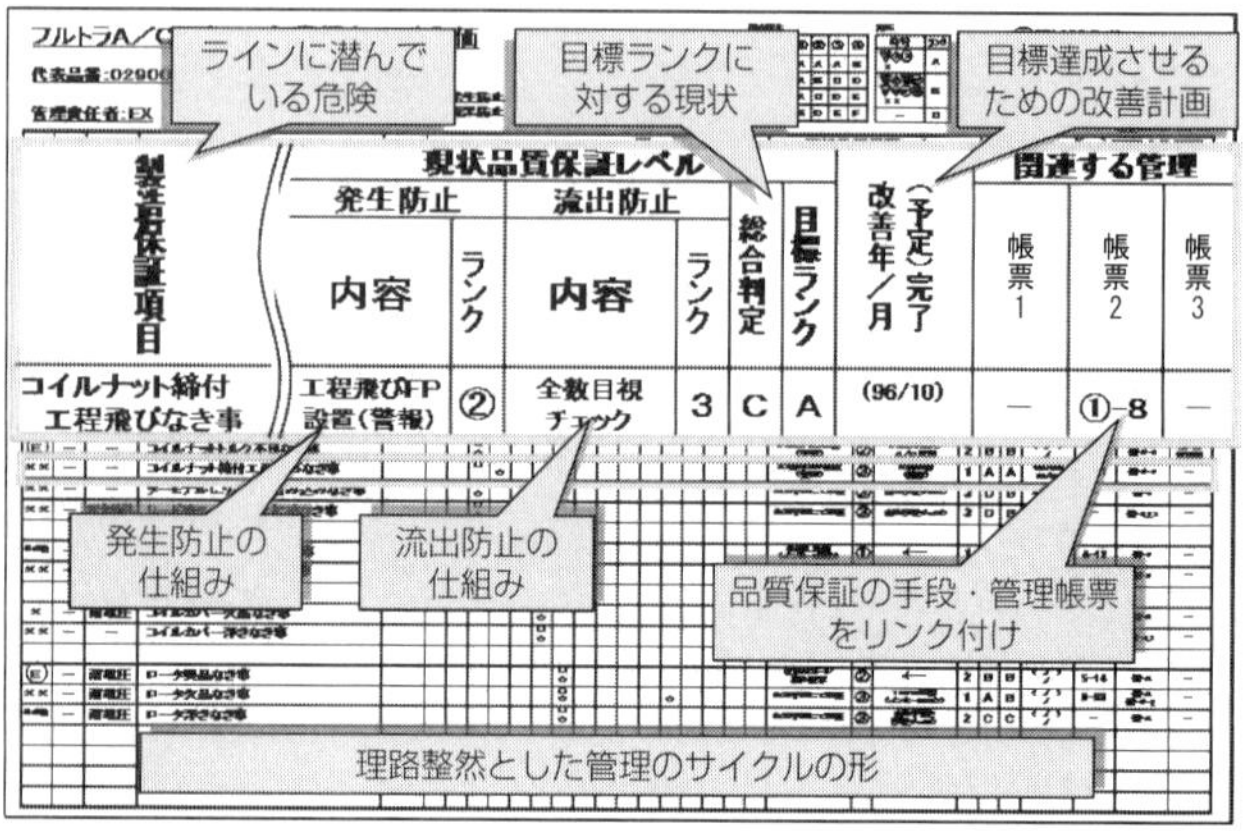

研修生が書き込んだQAネットワーク

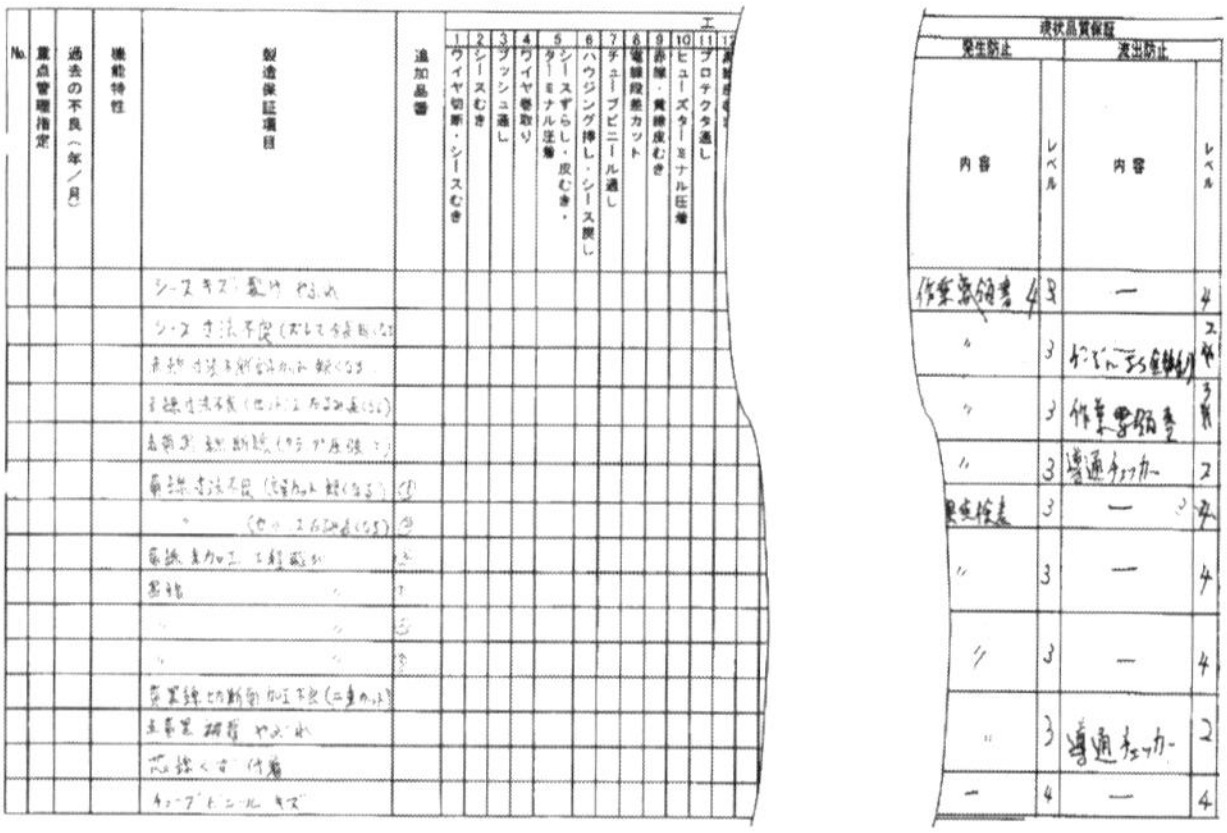

図 10　QA ネットワークの活用

止を主に行ってきたものの、「まだ発生していない不良」を未然防止することはできず、どうしてもクレームが一定の数から減らないという状況が背景にあった。

そこで私は未発生の不良を事前に防止しなければ問題は減らないと考え、ライン全体の品質保証レベルを明らかにするためにQAネットワークを活用。これから発生するかもしれない問題やすでに起こった不良をすべて「QAネットワーク上にリストアップ」し、問題が起こる前に対策をする、「予測予防型」の品質管理を始めたのである（図11）。

QAネットワーク上にリストアップされた、生産ラインに潜む問題を解決していくには、物的改善を行うのか、人の作業で信頼性を上げていくのかを、まずは判断しなければならない。QAネット

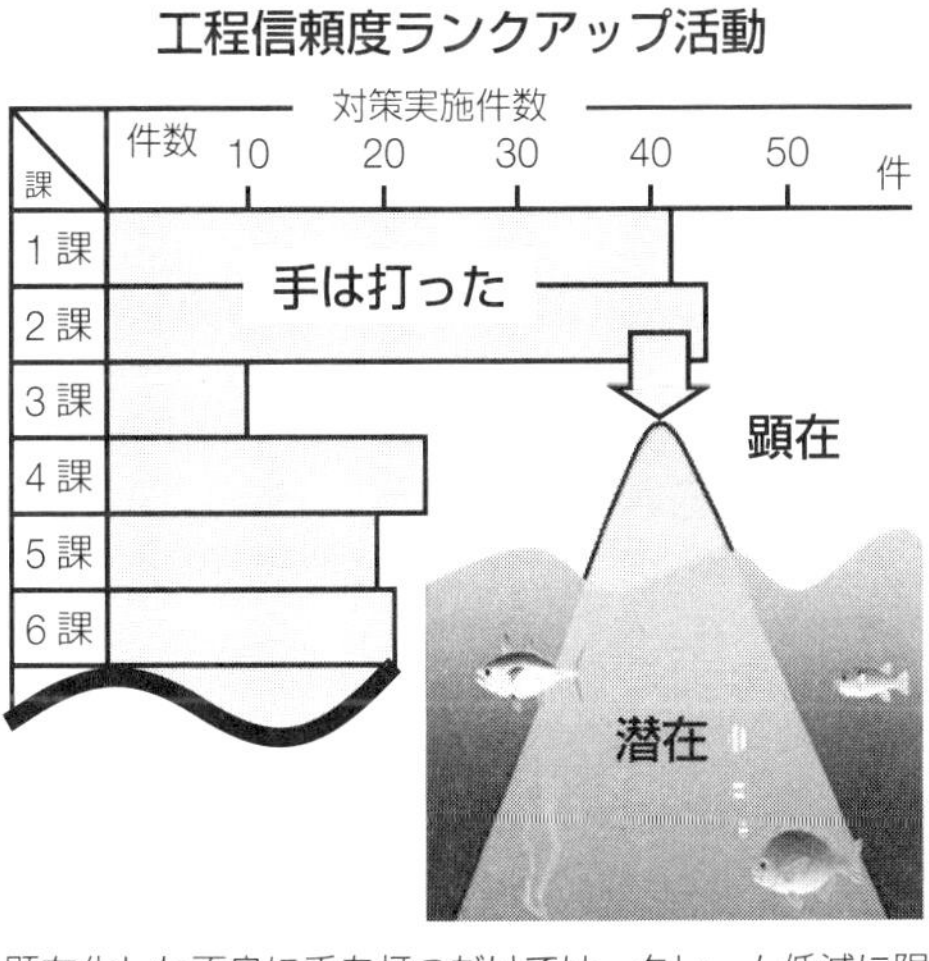

顕在化した不良に手を打つだけでは，クレーム低減に限界がある。まだ発生していない潜在不良に対し，問題が起きる前に対策する予測予防型の品質管理を始めた。

図11　潜在不良の予測・予防改善

ワークを用い関係部署が集まってラインの現状を把握し対策を検討した結果、どうしても人の作業にて品質を保証しなければならない工程があった場合には、きっちり守れる作業要領書をつくり人の作業の信頼性を上げる（**工程プロ活動**）（図12）。

ＱＡネットワークと工程プロ活動を通し、生産ライン工程全体の信頼度を上げる活動を「**工程信頼度ランクアップ活動**」と名付け活用することで、点火製造部でのクレームは激減した（図13）。

ＱＡネットワークの有効性

研修ではまず、ＱＡネットワークの作成方法を学ぶ。

研修生は自ら作業をし、ラインにどれだけの不良の種類が潜んでいるかを考える。これから

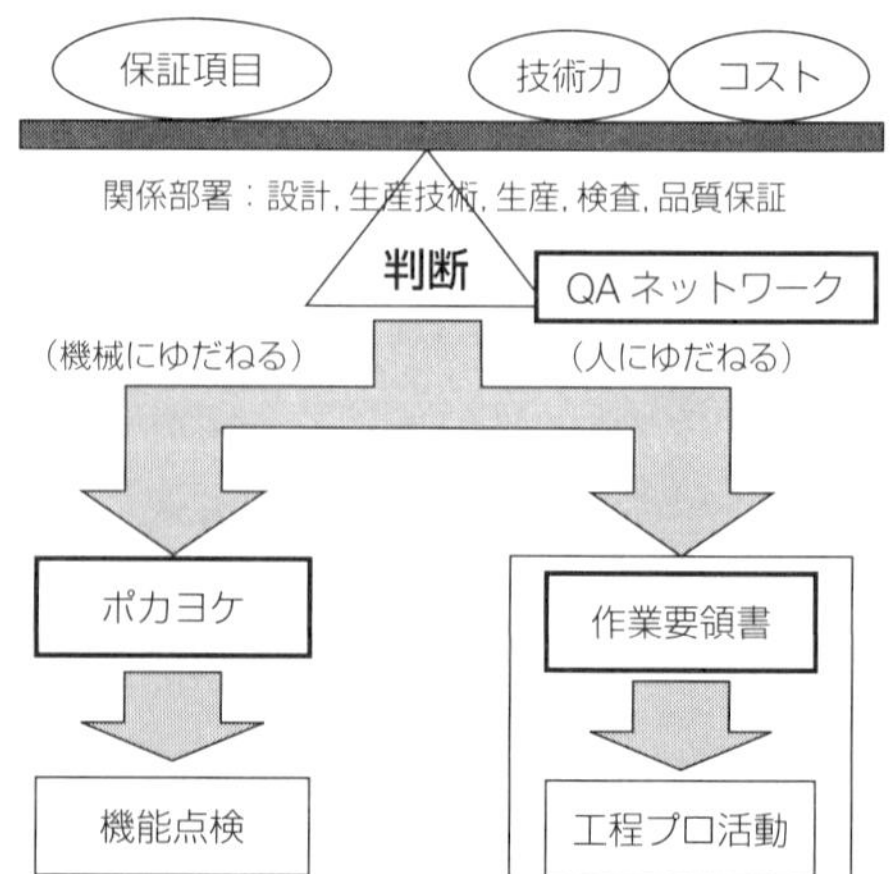

不良の発生・流出防止を機械的（ポカヨケ）に行うのか，人（作業者）にゆだねるのかを，関係部署と議論し判断する。人にゆだねる場合は，工程プロ活動で人の信頼性を上げる。

図 12　工程プロ活動

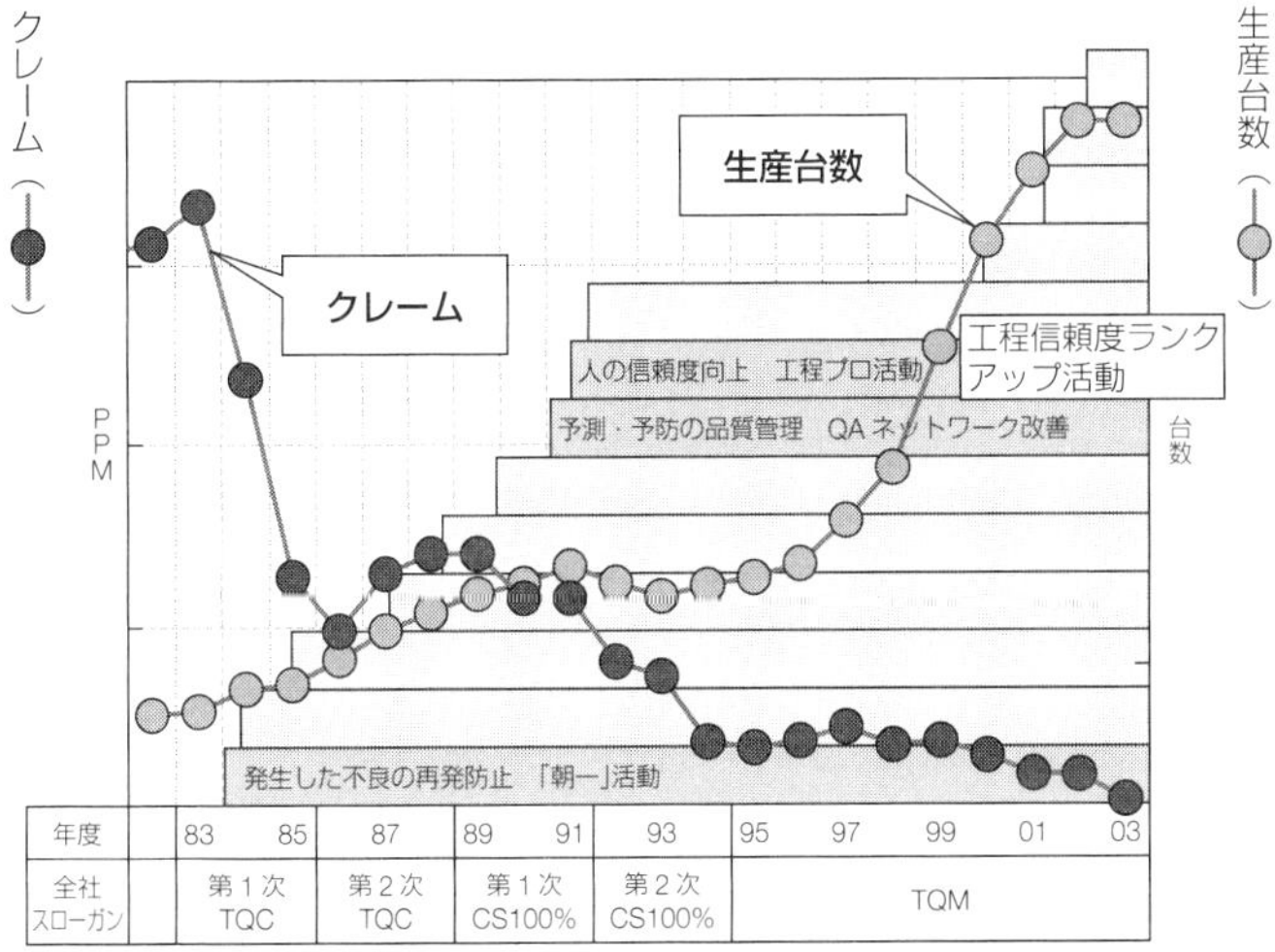

QAネットワークと工程プロ活動を通し，生産ライン工程全体の信頼度を上げる活動を「工程信頼度ランクアップ活動」と名付け活用することで，点火製造部でのクレームは激減した。

図13　クレーム・生産台数実績

発生するかもしれない不良の種類の数だけ、そのラインには「危険」が潜んでいるということが、QAネットワークに表れてくる。そしてそれらの不良が発生した場合、その不良が納入先へ流れていかない「仕組み」があるかどうかということも、「生産ライン全体を通し」QAネットワーク上に見えるようになってくる。

ここではまた、品質を保証していく項目それぞれに目標のランクを付け、ランクに対して現状はどうなっているかも検証する。目標に達していない項目を、「目標達成させるためにはどうするか」を考える。保証を高くしようと思うと、設備（ポカヨケ）を使い不良が発生・流出しない機構を入れ込むのが最良なのは当たり前だが、技術・コスト面でそれが不可能な場合は、「人の作業で品質を保証」することになる。

実際の現場のようにＱＡネットワークを使い、各保証項目を設備で保証するのか、人の作業で保証するのか、判断を下していく。様々な部署から集まった人たちが、生産ラインの品質保証について議論・検証したことをＱＡネットワークに反映するため、この帳票は生産ラインの管理において大変な効果をもたらす。

ＱＡネットワークの歴史

ここで少し「ＱＡネットワーク」の歴史について説明する。１９７０年代に当社安城工場で「ＱＡマトリックス」という名で始まり、１９９０年頃Ｔ社で「新ＱＡネットワーク」として紹介された。色々な事情があり、途絶えたが、その後、１９９１年から管理のサイクルを回せる「ＱＡネットワーク」を考案し、生産現場に関連する人々と完成していく過程（プロセス）で議論できるツールとして展開してきた。また、ＱＡネットワーク上に、生産ラインで必要な管理帳票をすべてリンク付けして完成度を高めるのに、２年の歳月を費やした。このことによってどの手段・どの帳票でいかに品質保証をしているかが一目瞭然となる。相手や自分が納得するような「理路整然とした」管理のサイクルが形として出来上がってくるので、「これならやってみよう」という魅力を感じることができる。

納得してこそ人は動く――講師は舵取り役

研修では、全員が主役となり仕事を進めていく実践スタイルを取り、ＱＡネットワークを作成する際も何時間も議論と検証を行う。

「なぜそれをやらなければならないのか？」

「得られる効果は何か？」

「得られる効果」というのは、仕事をすれば期待通りに得られる効果と、それ以外に、自然に生まれる別の効果もある。

例えば図面検討会を例に挙げてみよう。検討会をすれば良い図面ができてくる。これは、期待通りの効果だ。それに加え、検討会をしたことにより、知識が身に付き、仲間との輪も生まれる。こちらの効果の方が仕事を継続していくのに大事なポイントとなる。

研修生が議論する間、講師側からは答えは出さず、講師は「目的を持ち本音で議論できる環境」をつくっていくための舵取り役となる。議論はワイワイガヤガヤと始まり、時が経つにつれ意見がぶつかり合い、収拾がつかないこともある。机上で話し合う人、実際のラインで検証を行う人。少数派の意見も正しいと分かれば受け入れる。自分の信じた考えは最後まで諦めず、相手が「納得するまで」押し通す。安易に妥協はしない。

お互いが辛抱強く議論を繰り返すことにより、疑問や、気付いた事柄が、だんだん一つにまとまり理解が生まれ、一体感が自然に醸成されていく。このような過程を通じて、みんなが認めたリーダーも自然に生まれてくる。講師は答えを教えず、実践的に議論を通し、自ら考え気付いてもらうのだ。もちろん、研修生は部署も役職も年齢もバラバラ。時には海外の人も参加し、文化、言語まで違うこともある。それでも本音の議論を続け一体感を得るプロセスは、それぞれの違いに関係なく肌身に染み付いてくる。

いくつか事例を紹介しよう。

海外研修生の議論では、タイの女性1人が9名の研修生と意見が違っていた。彼女が折れて多数派に押されると誰もが思った。しかし、彼女は最後まで妥協せず、自分の意見を辛抱強くメンバーに説明し続けたのだ。結果、彼女の意見に全員納得し、みんなが清々しい顔をしていたのは、議論が始まって3時間後のことであった。

韓国・米国・欧州グループの議論では、ある製造保証項目を「削除するべきか」「残すべきか」が議論の焦点になった。削除する方向で議論が終結をしそうな時に、韓国の研修生だけが、絶対に残すべきだと主張した。「もし私がこのラインの責任者であったら、心配で夜も眠れません」。この言葉に他の研修生たちは、こう断を下した。「私たちはチームです。チームの中の一人でも心配をしている人がいるのであれば、私たちはその気持ちを尊重して、この項目を残すべきです」。本音の議論の後に、心が一つになった笑顔が印象的であった。

仕事はやらせる側に理路整然とした思いがあっても、やってくれる人にとって、ただの「説得」や「押し付け」とならないようにしなければならない。それは自分が37年の間、こだわって行ってきたやり方だった。

人は、「あ、そうか！」と感じてこそ、動く。つまり納得なのであり、説得ではない。人は納得してこそ、「やってみよう」という気持ちになる。そこには感動が伴う。やらせる側の思いがあり、やってくれる人が納得した時、それをさらに具現化し、行動する。これが、「なぜそれをやらなければならないのか？」の答えだ。

このように議論・検証し、お互いが納得した上で、QAネットワークに保証項目や保証のランクを書き入れていく。講師が「こう書きなさい」と指導するわけではないので、毎回研修によって出来上がってくるQAネットワークの中身は違う。また、中身に間違ったところがあったとしても、講師はあえてそれを正さない。研修が進むにつれ、そういった間違いには自ら気が付くからであり、またそこから研修生どうしが納得するまで議論したものが答えである。

自ら気が付かない限り、本当の学びはない。

人の作業の信頼性を上げる

生産ラインの信頼性を上げるために、物的改善にて「不良が作れない・流れないシステム（ポカヨケ）」をラインに設置した場合、そのシステムが正常に動いていれば、必ず不良は見つかるだろう。しかし、そういった仕組みを設備に入れ込まず、人の作業で品質を保証するとなると、それぞれの管理者や作業者によって、作業要領書の作り方や内容の理解、活用の仕方などにバラツキが出てくる。その結果、作業者のすべてが同じように正しく仕事を行い品質の確保をしているかがとても曖昧になってくる。

そんな状況の中、人の作業で不良が発生してしまうと、どうしても作業者が一番責任を感じるという結果を招かざるを得ない。どのようにしたって、手順通りに仕事を行っていたということを証明することができないからである。このような状況を招かないためにも、研修では「人の作業により品質保証する項目」に焦点をおき、いかに人の作業の信頼性を上げるかを体験する。人の作業のベースとなるのは、作業要領書である。だから第一に、作業者がきちんと守れる作業要領書を作らなければならない。そんな要領書をどうやってつくるのか。それには、現場で仕事をしてくれている「作業者の声を聞く」ことだ。

作業要領書は班長やリーダーが一人でつくるのではなく、作業者の意見を取り入れ作業者と一緒につくる。すると作業要領書が「コミュニケーションツール」にもなる。自分が一緒になってつくった作業要領書なら、作業者に「オーナーシップ」が生まれ、仕事にもこだわりが出てくる。

研修でもまずは、作業者が納得し手順を守ることができる作業要領書を、みんなで議論し、そして実際にラインで仕事をやってみながら作成する。その作業要領書を使い、全員が作業者となり生産ライン上での仕事を実施してみる。現場経験のない海外拠点の副社長や部長も同様に作業する。作業してみて手順が悪かったら、手の動き一つに対してでも、長時間議論する。

「カン・コツ」を形式知に

その中で、作業に必要な「カン・コツ」を、いかに形式知化するかということが課題になってくる。現場の作業の中には、必ずカンやコツで行う部分がある。そんなカン・コツは現場における作業性の向上と、量産品の品質を保つ上で非常に重要な要素だ。なぜなら、カン・コツを生産現場で活かせることができれば、毎日同じ作業を繰り返す中で、意識せずともわずかな違いに気付くことができ、結果不良の流出を未然防止できるからだ。しかしこの言葉は、特に海外では説明するのが難しく、あまり使われていないのが実情だ。

誰もが同じように理解できる作業要領書を作成するために、研修ではカン・コツをきちんと言葉で定義づける。そして実際に道具を使い、カンとはコツとは何かを、身をもって体験してもらう。その体験の中で研修生はカンやコツで行われる作業での身体の動きや手の位置、目の位置などを詳細に形式知化していく。そのように形式知化されたカン・コツを作業要領書の中に正確に入れ込むことで、いかに仕事の成功率を上げられるかを学ぶ（写真7）。

ただしカン・コツとは、本来「なくしていかなければ、ならないものだ」ということも、忘れてはいけない。仕事のバラツキを少なくするためには、カン・コツを必要としない製品を設計し、製品の品質を設備や治具で保証する方が確実だからだ。それでもどうしても人の作業はなくせないため、その中で重要なポイントとなるカン・コツを形式知化することで、作業のやり方を統一し、仕事の質や信頼性を上げることが大切だと設計者も学んでいく。

このようにとことん話し合い、作業実践をした結果、全員が納得できる作業要領書が出来上がってくる。すると次に、作業者が作業要領書の手順をきちっと守れているか、ということが問題になってくる。反対に言えば、彼らがきちっと守

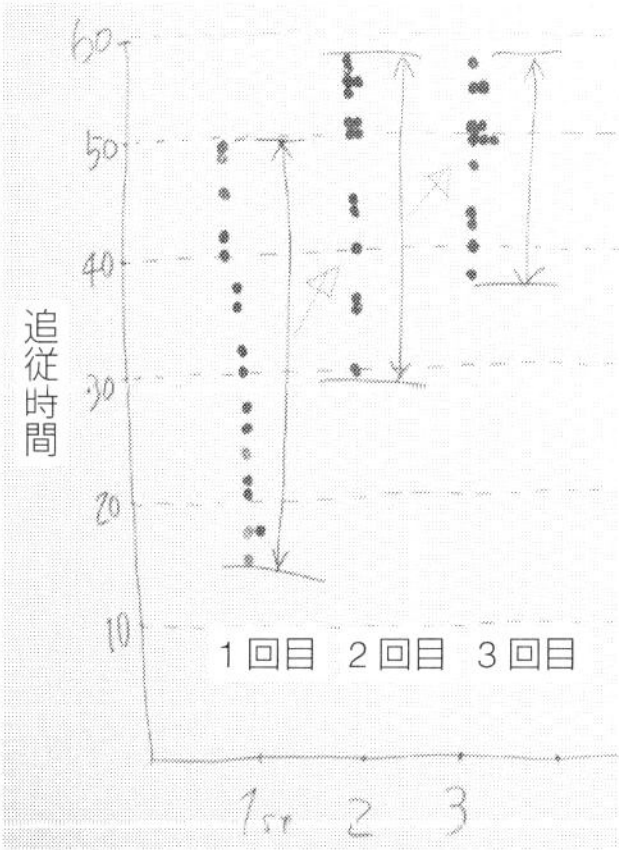

１回目，２回目，３回目……。追従時間は増え，ばらつきは小さくなる。カン・コツを形式知化することの効果を体験する。

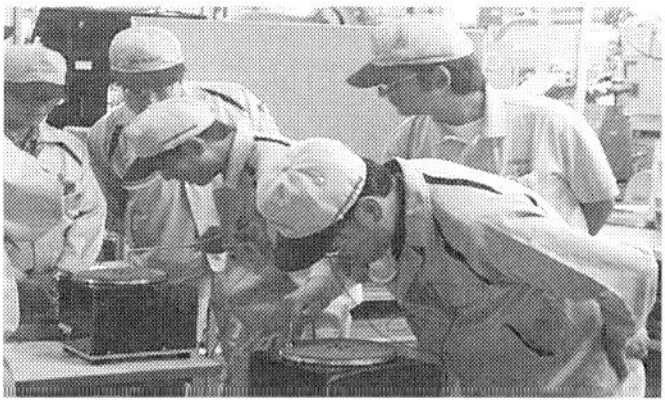

研修生全員が円盤くん（教材）を使ってカン・コツ修得前後の体験をする。

１回目の体験後，全員でカン・コツを議論し形式知化する。

写真７　カン・コツの修得

れているということを、見えるようにしてあげなければならない。

工程プロ活動

作業者が自分の担当する工程の「作業を理解していて、作業手順を間違えず言えて、作業が正しくできる」ことを証明する「**工程プロ**」活動は、作業者の「仕事のがんばりを視覚化する」ために、私が点火工場で始めたものだった。点火工場では作業者が、「自分がつくった」というプライドを持てる作業要領書を使い、工程プロ活動を約20年継続してきている。

このように考えてきた私だが、若い頃苦い思い出がある。「作業者は要領書を見ていない。だからポイントだけわかればいい」と考え、進めてきた時期があった。ところが班長になって作業者の作業をよく見ると、目と手と体がきめ細かく、神経を研ぎ澄ませている動作であることに気付いた。そのとき私のつくった作業要領書は作業者軽視であったと深く反省した。作業者のがんばりを表現してあげるべきだと思った。そのためには、文字だらけでもよい、職制は正しく表現する目を養うことが大切だ。

作業者は、自分の作業の手順を「理解し、作業要領書通りに言えて、作業できる」姿をデモンストレーションし、さらに一定期間不良を作らず、または流出させず仕事を行えたら、その工程のプロという意味での「工程プロ認定」を受けることになる。認定を受ける過程では、管理監督者と作業者の間にコミュニケーションが発生し、人と人との結びつきが生まれる。そしてもちろん、人の作業の信頼性も上がる。

研修でも、現場の作業者と全く同じように、自分たちで作成した作業要領書を使い、工程プロ活動をしてもらう。国内の部長レベルでも、平等に作業者と同じ体験をする。研修なので仕事を覚える準備期間は短く、研修生にとっては大変な課題となる。しかしお互いの仕事の評価をし合い、励まし合って行うこの活動は、研修生どうしの絆を強めてくれる。またこの体験を通して、毎日繰り返し作業を行ってくれている作業者の「心」の一端がどんなものであるかに気付く。

現場での人の作業のバラツキを少なくするにはどうしたらよいか。

作業者が決められたことをきちっと守る体質、また守っていると自信を持って言える体質、そしてそれをきちっと評価してあげる体質。これが大事だと、私は感じてきた。研修後自分の職場に戻ってからも、問題が出ても作業者を一切叱らず、彼らの苦労を理解し、反対になぜ彼らが１０００万台も良品を作り続けることができるのか、ということをきちんと明確に言え、評価してあげることのできる人となってほしい。

なぜここまで「人」なのか――愛情なくして人は育たない

「ヒューマンエラー」と人は簡単に言う。しかし、例えば親の具合が悪く、徹夜で親の看病をして仕事に出てきた作業者がいたとする。普通は「無理するな」と言うが、現場に愛着のある人ならチームのことを考え、無理して出てくる。そういう時に、不良が出たとする。

「無理するからだ！」

と言えるだろうか。そんなことは、言えないのが人の心だ。

「ヒューマンエラーだ」なんて、簡単に一言で片付けてしまえるものではない。そういうことまで理解して、愛情を持って人に接することができるか。管理監督者としては、ここが大きな分岐点となる。管理監督者というのはいろいろな仕事があるが、すべて部下のために行動してほしいと常々お願いしてきた。そうすると、やるべきことが必ず見えてくる。

忘れられないミス

ミスをしてしまった人というのは、絶対にそのことを忘れないものだ。私にはこんな思い出がある。前にも述べたが、入社して数年後三河地区初のパーフェクトボウラーになった時のこと。「23歳だった」ことを、鮮明に覚えている。年齢なんて、いくつだったか、たいてい曖昧にしか記憶していないものだが、私がその時の自分の年をしっかりと覚えているのは、新聞の記事に、

「会社員、真弓篤さん（三二）が念願の三百点を達成した」と書かれていたからだ。その頃は活版印刷で、二と三を入れ間違えたのだ（写真8）。

このエラーを出した人はきっと一生、このミスを忘れない。

だから、不良を出した人を叱ってはいけないのだ。

製造業でもオフィスで働いているような人なら、誤字脱字があった時、「ここが間違ってい

定され、即売もする。
◇アマボウラーがパーフェクト
西尾市下羽角町、会社員真弓篤さん(三二)が九日夜、額田郡幸田町の幸田セントラルボウルで、念願の三百点を達成した。公認ゲームの三ゲーム目に、三河地方のアマでは例がないというパーフェクトを出した真弓さんは、公認ゲームでももちろん優勝。優勝杯のほか、パーフェクトを祝って、鈴木同ボウル専務から、使ったレーンのピン一本とトロフィーを贈られ、大喜びだった。

新聞の記事に,「会社員，真弓篤さん（三二）が念願の三百点を達成した」と書かれていた。ミスをした人は，自分のミスを一生忘れないだろうと感じた出来事だった（本当は23歳だった）。（1972年11月11日中日新聞）

写真8　新聞記事のミス

る」ですむ。けれど生産現場の人は、それでは許されない。現場の失敗は消しゴムでは消えない。そうしたことが、悔しかった。現場の人たちを、オフィスの仕事をしている人たちよりも、ミスの少ない人に育ててあげないといけないと考え行動してきた。

だから、不良を機械で防ぐ部分と、人で防ぐ部分とでしっかりと棲《す》み分けて対策することに徹底的にこだわった。同僚や仲間、部下たちが、後ろ指をさされないような仕事のやり方を、極力行ってきた。そして、私の師であった岡田工場長がそうであったように、私も全て平等に物事を見たいと考え、行動してきた。とりわけ生産現場の作業者は、毎日長時間繰り返し作業を行い、決められたサイクルタイムの中で、ほとんどの時間を品質の良い製品を作ることにあてていてくれている。

作業者にかける言葉

しかしながら、そんなことは当たり前ととらえられがちで、彼らが毎日良品を作っていることに対して、感謝や労いの言葉を述べる者は少ない。それどころか、不良を作ってしまうことを恐れる管理監督者は、作業者が確実に仕事を行ったかどうかを確認する「チェック項目」を作業要領書に次々と追加していく。

それで作業者が不良を作ると、

「ここに〝ちゃんと〟チェックしろと書いてあるじゃないか」

と言って、作業者に注意する。また上司には、

「ここに〝ちゃんと〟書いてあるんですけどね……」

と言い訳をする。これでは「作業要領書が管理監督者の自己防衛の道具」としかなっていない。

本末転倒である。

そんな中、作業者は繰り返し作業を黙々と行っている。彼らにかけられる言葉があるとすれば、不良を発見してくれた時の「よく見つけてくれたね」という言葉と、不良を出した時の「なぜこんなものを作った」という言葉だけ。それ以外にコミュニケーションはほとんどなく、ただ黙々とサイクルタイム内で良品を作り続ける。ラインに向かう彼らの姿として見えるのは背中だけ。挙句の果てには、作業者に変化を与えることで不良を作ってしまうことを恐れるあまり、「作業者に話しかけないで下さい」と表示している現場さえある。

それなのに「変化に強い人づくり・物づくり」というスローガンを平然と言う。

とんだ矛盾だと思う。

自分が工場長をしていた頃は、作業者にはどんどん話しかけていた。さらには生産現場で音

楽を聴きたいと言われて、毎日女性の作業者が交代で、好きな音楽をかけている生産ラインもある。作業者に声をかける方は目的を持っているので、その作業者が一生懸命仕事をしていても話しかけてしまう。そこで作業者の方から、「ちょっと待ってください」と言える職場にしてきた。

「おい！」と声をかけても「なに、また？」と返事がくる。名前を呼び捨てたり、たまにはガツンと噛み付くような言い方をしても大丈夫な雰囲気をつくってきた。

腫れ物に触るような職場には絶対にしてはいけない。

家庭のように「喜怒哀楽」がある程度通用する土壌を築かないと、心底「相手の気持ちも分からないし、こちらの気持ちも分かってもらえない」と思う。逆に、それができればいろいろ相談があったり、共に悩み、考えてあげたりすることもできるようになる。

クレームが0・1ppmくらいになると、変化点に左右されない強い人を育てなければならない。変化を怖がってはいけない。的確な判断はしなければならないが、仕事の結果にこだわってはいけない。声をかけて大いに変化点を与え訓練する。ヒューマンエラーなどというが、車の運転で自分の命をかけているのにもかかわらず、ぼんやりしていてぶつかることがある。作業では命まではかけていないから、それ以上の確率でエラーが起こりうる。

そういう視点で考えると、「作業者に声をかけないで下さい」なんてことを言うべきではない。大いに声をかけ変化点を与え「また来た！」「うるさい！」と思われながらも、「自分はやれている」と自信が持てる作業者に育てなければならない。

そのためにも、目的を持って自由に話せる環境をつくることが大切なのだ。

そういった環境をつくるのが、管理監督者の役割である。環境が整えば作業者自らがんばる姿も、自然に生まれてくる。例えば、前にも述べたが「作業者の努力の足跡を作業者側から残していける」工程プロ活動においても、聴覚に障害を持つ作業者は無理と思っていた。ところが「手順は言えないが、書くことはできます」と言ってくれた。さらに、主婦の人たちは、「冷蔵庫に作業要領書を貼り」食事の支度をしながら、手順を覚えてくれた。

工程プロも、押し付けでやらせると、仕事の負荷が増えるだけの、目的のない活動になってしまう。だから何事を実施するときも、必ず本質が何かを知り、利他的に行っていかなければならない。

人と接していく上で一番大切なのは「いかに信頼関係を築くか」その根底にあるのは、後で悔いを残さないように、自分を犠牲にしてでも最後まで面倒を見られるか、気にかけてやれるかである。熱意と根気が不可欠だと思う。そして一度でも部下になった人、面識が出来た人には、職場が変わっても声をかける。相手に見返りを期待せず、判断は相手にゆだねる。この繰り返しが私の部下育成、指導のあり方の基本だった。

さらなる理路整然を求めて

モノづくりＤＮＡ品質コースで学ぶもう一つの項目として挙げられるのが「仕事の教え方」である。仕事の教え方も、教える側によって、どうしてもバラツキが生じてしまうものであり、作業者に仕事を適切に行ってもらうには、きちんとした正しい仕事の指導をしなければならない。

ここでは「**Ｄ‐ＪＩ**」(DENSO Job Instruction＝デンソーでの仕事の教え方）を学ぶ。これは１９４１年にアメリカで開発された、「ＴＷＩ‐ＪＩ」(Training Within Industry for Supervisors Job Instruction＝監督者のための仕事の教え方訓練法）をアレンジしたものであり、作業の手順を分解した後、教え方のステップに沿って指導するという、指導法の標準化を学ぶ。

また、人の作業に焦点を当てた研修だが、後半には物的改善についても少しだけ触れている。「QAネットワーク改善計画」という帳票の記入方法を勉強し、現状の生産ラインの保証項目レベルを、物的改善にていかにレベルアップするかを考えてもらう。これも、それぞれ異なった部署や経験年数、国、文化から、知恵を出し合い時間をかけて議論していく。

きちっと守れる作業要領書をつくり、工程プロにて人の作業の信頼性を上げる。さらに物的改善で不良を検知できる道具（ポカヨケ）を導入していく。これにより、生産ラインの品質の信頼性が全体的に上がってくる。そしてこの次に必ず必要となるのは、そういった最新の状態を「常にQAネットワークに反映させていく」ということだ。目標ランクに達成した保証項目は、達成したことが分かるように書き換えていく。そうすることで、QAネットワークが活きた帳票となり、生産ラインの現状がこの帳票上にいつでもそのまま表れてくる。QAネットワークは記入したら終わりというスタイルの帳票ではないのだ。

研修では現場で活用する管理帳票である、「チェック要領書」「ポカヨケ機能点検」「識別管理」などについても触れていく。そして、製品、人の変化をとらえる管理帳票を、QAネットワーク上へリンクさせその管理番号を記入していくことで、各保証項目がどのような帳票、方法で管理されているのかが、QAネットワークを見ればすべて一目で把握できるように仕上げていく。

今求められているもの

実践研修がすべて完了すると、最後に私が研修生を前に2時間の講話を行い、締めくくりとなる。講話の中では、私の点火製造部での活動や思い、モノづくりDNA研修のまとめなど、自分のデンソーでの人生を「本音と墓穴」と称して話している。本音を言えば、元気になる。そう信じて何かを伝えていこうという思いがあったのだが、どんどん考えていくと、自分の人生は本音を言って、墓穴を掘ることの繰り返しだったなという、苦笑い話である。

しかし人がものを言わないというのは、「待ち」の体勢でいるということ。別の見方をすると、その人は「議論を嫌っている」ということになる。逆に何か意見を言えば、それに対する反発が起きたり、言ったことに責任を取ったりしなくてはならない。言う以上は行動で示す義務があり、行動を起こせば壁にぶつかる。それでも到達したい希望や夢を実現していくためには、その壁を乗り越える勇気や行動力が必要なのであり、そういった「勇気」「行動力」が、今、会社に求められている。そんなことを、国内外すべての研修生に知ってもらいたい。

実際にモノづくりDNA研修が始まってみて分かったことだが、この研修は日本よりも海外の人たちの中で先に広がった。その理由として考えられるのが「理路整然」ということにあるのかもしれない。日本では上司が「やれ」と言えば、理不尽でも仕方がないと諦めてしまう傾向がある。しかし海外、特に北米・欧州などでは、常に「why」が問われる。

デンソーも海外拠点での事業を広げてきたが、仕事のやり方を理路整然と、自分も相手も「納得できる」ように説明してこられただろうか。どこか納得のいかないまま、仕事の指導を行ってきたのではないか。そんな指導を受けた海外の従業員が不満を抱えていても不思議ではない。

例えば、「不良が出ないように気を付けてくれ」と言われても、何をどのように気を付ければよいのか分からなかったのが、モノづくりＤＮＡ研修で学ぶとラインや工程で予測される不良が見えてくる。ひいては担当している作業の何に気を付けてほしいかが、明確になってくる。モノづくりＤＮＡ研修が海外の人に評価されたのは、このように曖昧になりがちな部分を、すべて理路整然と、体系的に学び・体験することができるからであろう。

そしてこの研修は、受けたら終わりというものではない。日本でも海外でも、研修を受けた人たちは自分の職場に戻り学んだことを職場で実践している。実際に職場を良くし、仕事の標準化を行い、職場の目標を達成し、会社とお客様に貢献している。

第5章 モノづくりＤＮＡの今と将来

研修最終日，決意を新たに！
（7か国9拠点の仲間）

拡大しているDNAの心と考動——人のつながり・絆

「悔しさ」をバネにすると、妥協がない。が、時々自分でも、「執念深いのでは?」と思うことがある。自分が落第生だったから分かる人の気持ち。理不尽な社会。そこから生まれた反骨精神。そして私が学んだのは、人を動かすには自分が行動しなければならないということである。モノづくりDNA研修の立ち上げでも同じだった。この研修は「1回受けたら終わり」ではなく、学んだことを職場に反映し、職場の知識を知恵に変え職場の指標を上げることを目標としている。

特に仕事のやり方のバラツキが大きい海外拠点に対しては、年月をかけて研修後のフォローを行うために、研修ステップを1から3まで設定している(図14)。

ステップ1では、海外から研修生を招き、日本で研修を実施。ステップ2では、海外拠点へ日本人のモノづくりDNA研修講師が出向き、彼らの工場にある実際に稼動している生産ラインで、再度同じ研修を実施。日本のステップ1研修に参加した研修生をコア人材とし、彼らに加え、拠点の様々な部署・役職の人間が研修生として加わってくる。ステップ3は、「現地実践活動」とし、拠点でのモノづくりDNA活動の拡大を目的としている。

[ステップ1　日本での研修]

ハーネスライン（社外製品）を活用
〈ポイント〉
製品群は異なるが，量産技能(標準作業＋マインド)は共有であることを肌体験する

[DNA　ETC ハーネスライン]

①模擬（レゴ）では体験できない「カン・コツ」作業がある
②色々な角度から物事が観られて指導への「気付き」が体験できる

ー　完成品は納品する　ー

[ステップ2　海外拠点での研修]

実動ラインを活用
〈ポイント〉
現場の実となる活動の体験

[SDM　HP3 ライン]

ステップ1を受講したキーマンを中心に
管理監督者・スタッフへ展開→ライン拡大

[ステップ3　現地実践活動]

拠点内のラインへ拡大
〈ポイント〉
どのラインも同じ考え方・同じ仕事の進め方ができる

[CNAZ　ECU ライン]

ステップ2を受講した人が担当ラインへ展開
→拠点へ拡大

図14　DNA研修の特長——実ラインを活用した実践型研修

モノづくりDNA講師になるための教育を受けた現地の講師が現地の実動ラインで研修を行い、必要があれば日本人のモノづくりDNAメンバーが、リアルタイムでサポートしていく。研修後は、モノづくりDNA研修で学んだ活動を、自職場の生産ラインにて実施する（図15、図16）。

拠点によっては、活動を広めていくメンバーを「クローン」と呼び、体得したモノづくりのDNAを、伝承している。もちろん、最終的にはそれぞれの海外拠点にあるすべての製造ラインにて、モノづくりDNA活動を実施していくことを目指す。研修で学んだこと、QAネットワークや作業要領書の作成、工程プロも、すべての生産ラインで行いたい。

モノづくりDNA活動を世界に展開していく上で、特に工程プロ活動については、国によって「受け入れられない」というところもあった。私はいつも現地まで出向き、これは「押し付け」の活動ではないということを、相手が分かるまでとことん話し合う。この活動は、作業者に無理を押し付けるものではなく、作業者を助けるためのもの。話合いで分からなければ、研修・活動を通し、お互いが納得するまでコミュニケーションを取っていく。

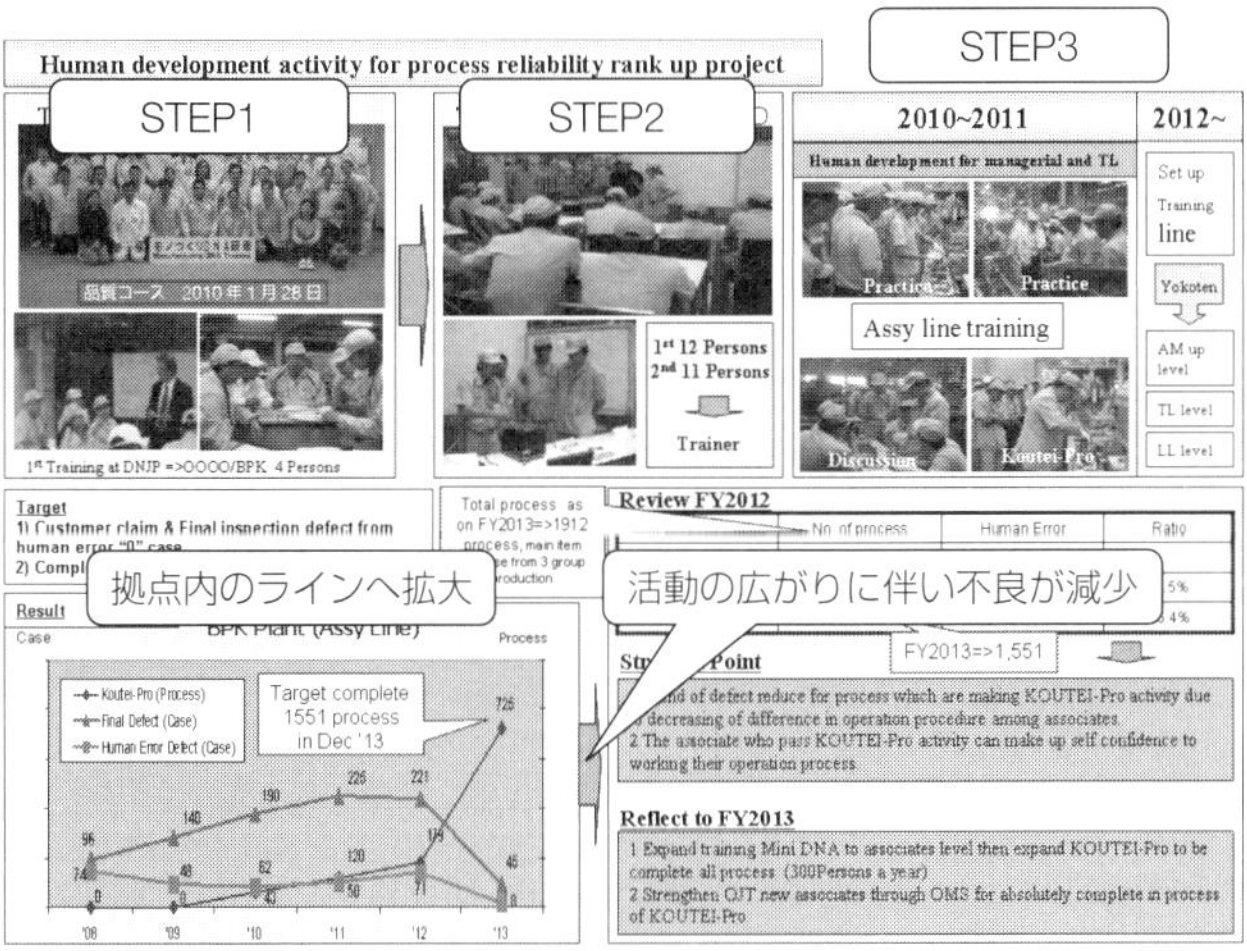

図 15　海外研修実例

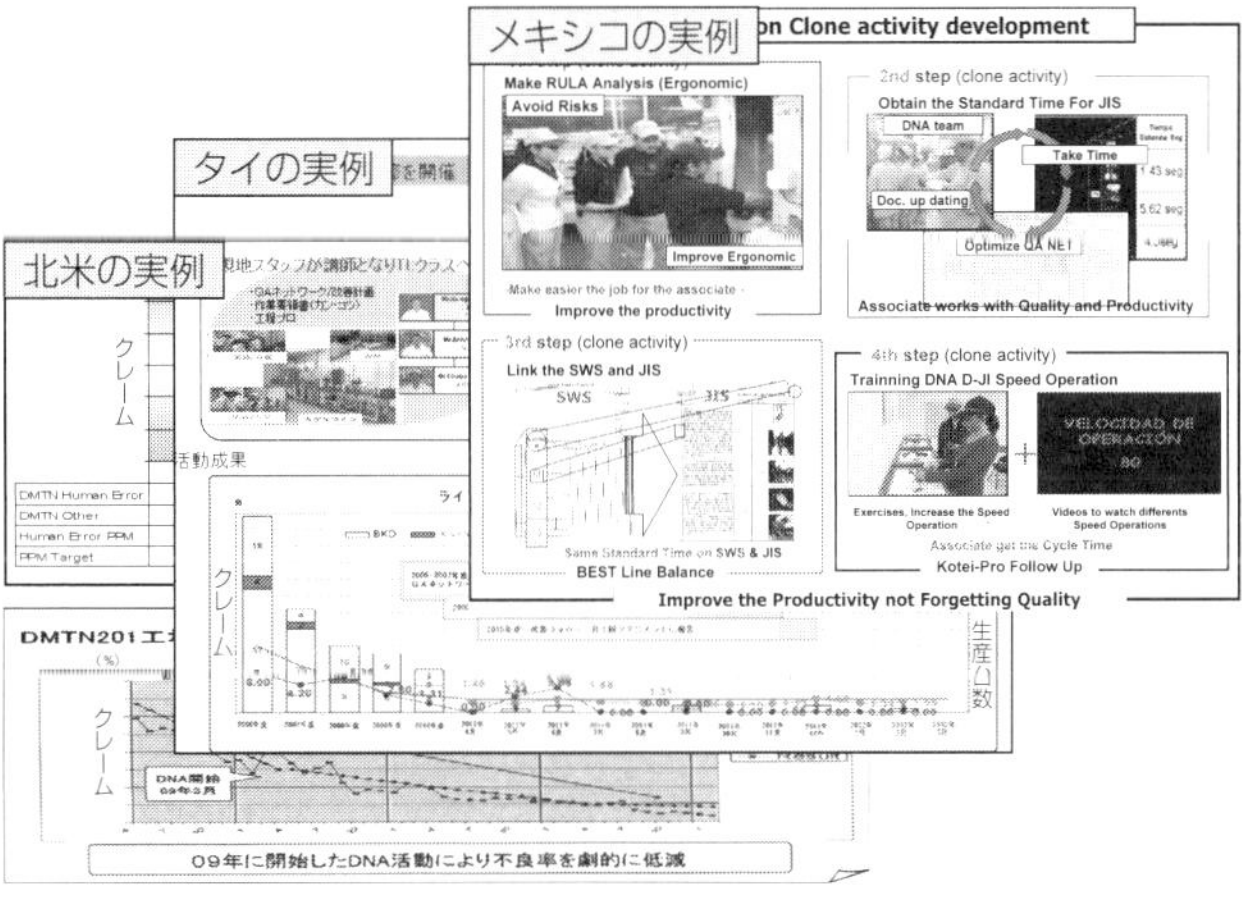

図 16　モノづくり DNA 活動の拡大と結果

４Ｓが肌身にしみたエピソード

現在メキシコ拠点は、ほぼすべての製造ラインに対し、モノづくりＤＮＡ活動を実施している。さらに彼らは自ら日本とメキシコの国旗を入れ込んだ、モノづくりＤＮＡのＴシャツまでをつくり、従業員が一枚岩となり活動に取り組んでくれている。

そんなメキシコでも、実はエピソードがあった。ある時モノづくりＤＮＡの講師がメキシコで研修に取り組んでいるところに入っていった私は、すぐに研修で使っている生産ラインが非常に汚いことに気付き、メキシコ人研修生の前で日本人講師を怒鳴ったことがあった。品質を教えているなら、ラインの整理・整頓・清潔・清掃（４Ｓ）が悪いことに気付かせ、それを正せるようになってほしかったのだ。

私は研修を直ちに止めさせ、一日がかりで掃除をさせた。

するとその後、

「真弓はなんだ！　来てすぐに人前で講師を怒鳴るなんてひどい！」

とメキシコ人の研修生たちが私に反論してきたのだ。

しかし、そこから私は「なぜ講師を叱ったのか」研修生が納得するまで議論し、彼らは私の考えを理解してくれた。

メキシコは今ではモノづくりDNA研修がステップ3まで浸透。さらには現地で研修を行えるようになった彼ら自身が、「4Sのできていない生産ラインは、DNA活動を後回しにする」と言うようになって嬉しいと、現地の駐在員が教えてくれた。相手に自分の気持ちが心底伝わったことを知り、ほっとしたのを覚えている（写真9）。

各地でのエピソード

ブラジルではある従業員がピンダという土地からサンタバーバラへ転勤となり、実際に引っ越すべきかを

研修ラインが汚いことに対し講師を厳しく叱った。研修を中断し，まずは掃除を始め私も彼らと一緒に行動した。
その後，「真弓はなんだ！」「来てすぐに人前で講師を怒鳴るなんてひどい！」メキシコ人の研修生たちは私に反論し，私を取り囲んだ。「なぜ講師を叱ったのか……」ととことん議論し，お互い理解を深めた研修だった。

現地で研修を行えるようになった彼ら自身が，今では率先して4Sを実施している。

DNA研修は，ステップ3まで進み不良の数も大幅に減少している。

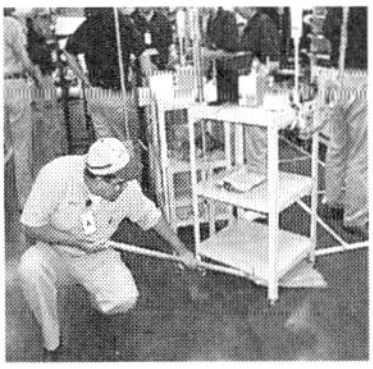

写真9　海外での研修風景1（メキシコ）

悩んでいた。しかしモノづくりＤＮＡ品質コースを受講したことで、「私はＤＮＡ品質活動を広めるために、サンタバーバラ工場へ異動することを決めた」と、強い意志を示してくれた。研修が人の心を動かすきっかけになったことは、大変嬉しいことだと感じている。

　ハンガリーの研修では「真弓さんは何十年と仕事をしてきた目で、研修生のＱＡネットワークを見ている」とのコメントがあるほど、こちらの行動や表情から、私がどんな人材なのかを見極めようとする目を持っていた。

　イタリアでは組合問題の真最中「残った人に光を当てたい」という拠点長の熱い思いに体を張って実現してきた（写真10）。

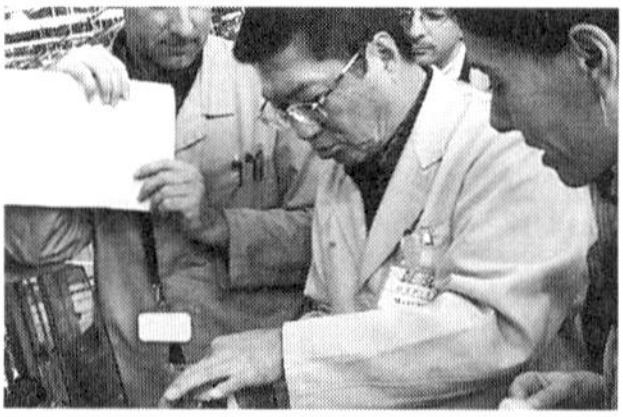

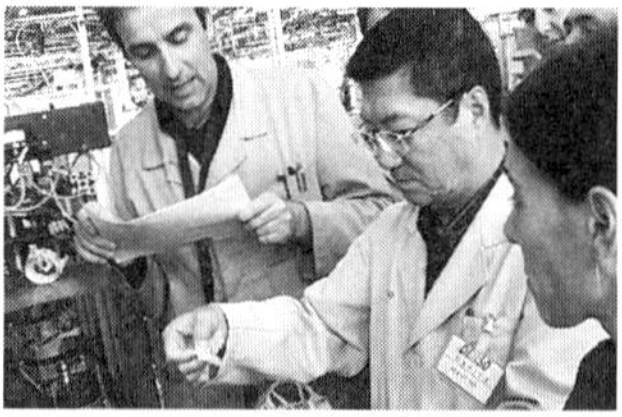

朝一の指導風景

生産課，生産技術課の管理者と問題の原因追究を行って，彼らが自然と現場に出向くことができるように気付かせている。このような活動が，作業者と管理・監督者の壁を取り除くきっかけとなった。

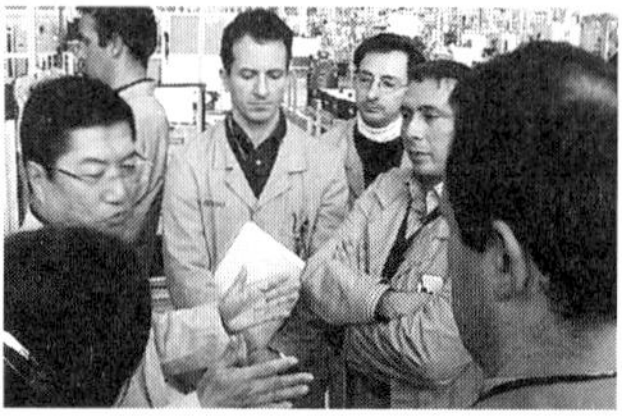

組合問題の真最中「残った人に光を当てたい」という拠点長の熱い思いに体を張って実現してきた。

写真 10　海外での研修風景２（イタリア）

中国では多くの問題を抱え、私の前で悔し涙を流した監督者もいる。

メキシコでは「真弓さんならどうするだろう」という気持ちで仕事を行っていると言ってくれた。

インドへ行くと、自然に人が集まってきて、「私たちの工程プロを見てください」と言って、私の前で工程プロをデモンストレーションしてくれた（写真11）。

私が行くといつも人が集まり，「ぜひ工程プロを見てほしい」と積極的にアプローチしてくれる。
自分の息子のような年齢の上司に教わり，「嫌じゃないか？」と聞いたところ，「一緒になって要領書を作成でき，自分の意見が取り入れられ，嬉しかった」という回答が返ってきた。上司と部下，年齢の壁が取り除かれている光景だった。

教育の中で疑問だと思うところがあれば，時間をかけて対応し，３時間の質問に答えたこともある。部下が上司に質問する大切さを，身を持って体験してもらいたい。

写真 11　海外での研修風景３（インド）

（研修生感想２）

デンソーテネシー
社長　Jack Helmboldt

今までたくさんの研修を受けてきたが、これほど楽しく研修を受けられたのは初めてだった。

生産、生産技術から始まった私のキャリアだったが、もう何年も生産という経験をしたことがなかったので、今回の研修で現場の気持ちがよく分かった。日々作業者がラインにて感じている不満に気が付くことができた。

また、不良を作らないようにどんなに努力しても、不良を出してしまうこともあるのだということが分かった。よって作業者を変えるのではなくシステムを変えなければならない。

今すぐ拠点に帰って研修で学んだことを展開したい。

Impression, opinion and request for the Mfg. DNA Training (Trainee entry)

This training has been excellent. Since my beginning in Production and Production Engineering, I have not had the opportunity to get this close to production for many years. I realized more the frustrations that the associates feel working on the lines every day. I also learned that even when you try your hardest not to produce defects, sometimes you still do. So you must change the system to correct, not the operator. Very impressed with everything and I would like strong support for accelerated DNA training in North America but especially DMTN.

生産コースでは一生懸命やったのにもかかわらず、思ったよりもたくさんの不良を作ってしまった。

そのことをDMTN（デンソーテネシー）に帰って現場の作業者に報告したい。そして不良を作らずがんばっている彼らにお礼が言いたい。今後北米、特にDMTNでの活動発展をしっかり支援していきたい。

他の拠点の研修生と議論を交わす。

タイでも課長が進んで工程プロを実施しており、部下はその姿を見て、「上司を誇りに思う」と言った。その課長は、現在カンボジア新規拠点を任され、同じくDNA研修で学んだ関係会社の出向者と連携し、二人三脚で新拠点を立ち上げた。嬉しい限りである。

北米テネシーでもステップ3まで成長し、現地のモノづくりDNA研修講師が自立し、現地にて自分たちでモノづくりDNA研修をしている。そこまで到達するのには、まずはローカルのトップであるアメリカ人の副社長レベルが日本の研修を受けに来て、作業者と同じ仕事を体験、不良を作り悔しい思いをし、工程プロに挑戦している。その副社長は今まで自分が作業をしてくれている人の気持ちをどれだけ分かっていなかったか、ということに気付き、研修後に「自分は作業者に謝らなければならない」と語っていた。このようにトップが活動を理解し、その気になれば、活動の展開速度が速い（研修生感想2）。

「ONE DENSO」

海外研修では、研修以外での「人のつながり・絆」も生まれている。

メキシコでは研修最終日に送別会をしてもらった講師が、顔にケーキを投げつけられたということがあった。これはデンソーメキシコでの風習で、講師もデンソーメキシコの仲間になれた気分で嬉しかったという（写真12）。アメリカテネシーで研修に参加した通訳も、最初は研修に戸惑っていた研修生から、研修後に「よくやった！　がんばりました」と書いてあるステッカーを貰ったという。通訳として必死に伝えようとした努力を認めてもらったようで、嬉しかったとその通訳は言っている。

日本でも、例えばお客様の意見を具現化する設計の部長クラスが率先してDNA教育に来るようになった。今では部下を送り出してくれている。また、人事、経営企画（CSR）の人々も参加。モノづくりに直接携わっていなくても、DNA研修に参加すればモノづくりについて学べ、さらに学

何か一つ，共通の目的を持ち，同じ認識下で活動をすると，ジェスチャーでもある程度気持ちが通じる。研修ではそんな一番大切な「ハート」の部分を伝えていく。

写真12　人のつながり・絆

んだことが現場以外の仕事で、仕事の進め方として参考になると、口コミで広がったためだ。

研修を受けた人たちの中には強い絆が生まれ、職場や部署、立場が違う研修生どうしが、帰りの電車の中で、「いつか一緒に仕事ができたらいいね」と語り合ったという感想文ももらったことがある。そんな夢を持つ気持ちがあれば、部下にもきっと希望を与えてくれるだろう。

社内の人事教育でも、必須だったものを廃止し、自主参加型に変更していくなど、目的を持った教育に見直す姿勢が生まれてきた。

生産技術部や機能部においても、モノづくりDNA教育を受けることで、彼らのそれぞれのプロジェクトに対しても、「壁を取り除く仕事の進め方」を行うようになってきている。

これは、「ONE DENSO（ワンデンソー）」としてまとまりつつある証である。

このように自分で気付き、変えていこうとしている人たちというのは、年齢では40代、50代の方々だ。もう長年仕事をしてきており、誇りも自信もあり、「今更教えてもらわなくてもよい」と感じる年代だ。そんな人たちが、

「DNA教育、ありがとう。講師の人たち、ありがとう」

と素直に感想文に記してくれている。

日本、アジア、北中南米、ヨーロッパそれぞれ特殊な文化を持ち、違った課題があるが、私

はすべての国で、研修のやり方、考え方を一つも変えることなく、同様に教えてきている。そして各拠点に出向いて、なるべく自分が研修の最後に講話を行い、モノづくりDNA活動が生まれた背景を伝えていきたいと思っている。伝えていくことで、現地で活動を推進してくれる人が納得して行っていけるようにしたい。

人・組織の壁を低くした研修生——人が人を動かす人づくり

このように国内外で拡大しつつある研修を見て、「やりやすいところからやっているんじゃないのか」などと言った人もいる。人が物事をどのように見るか、自分では「厳しい道」を選んでいても、そうは見てくれない人もいるということを覚えておかなければならないという、教訓である。何事も言うのは簡単。言葉は消える。だから形で残していく。

そういうことを言われると、更にもっと「とことんやってやろう」と思うのは、自分の損な性格かもしれない……。

この研修も、発足当時は研修依頼が来ないという時期もあった。そこで、私のことを知っていた周りの人々の協力があった。そんな人々には本当に感謝している。

例えば最初に送られてきたのは、メキシコの研修生だった。研修を依頼してきてくれたのは、現地に出向し活躍していたメキシコ拠点長で、私を信じて現地にモノづくりDNA活動を浸透させてほしいと、この研修に託してくれた。当時のメキシコ拠点長は以前、点火製造部の生産技術課にいた。その当時の私は点火製造部の生産課におり、現場の仕事を楽にしようと何度も生産技術に、不良の発生・流出が自動的に検出できるシステム（ポカヨケ）設置の依頼をしていた。その時依頼をした相手が彼だった。彼はしかし、なかなか生産課の要望を快く受け入れてくれなかった人で、

「ポカヨケで馬鹿な人間をつくるのか？」

と言って、私たちからの依頼を跳ね返してきた。

私も諦めない性格なため、何度も彼とはぶつかり合い、議論を交わし合った。最後にはお互いが納得して合意し、共に仕事を行ってこられるようになった。最初はぶつかり合った仲でも、過去からの自分を知ってくれていた彼が、メキシコで教えてやってほしいと依頼してきてくれたのだ。モノづくりDNA研修に組み込まれた「議論を交わす」いくつかのシーンは、こんな自分の経験が土台になっている。

しかし、実際海外から研修生が来るとなった時は、正直「どうなることか！」という不安も

あった。何しろ、私は海外に住んだこともなく、海外の人間と仕事をしたこともなかったのだ。もちろん英語も話せない。だけどやってみると、「納得すれば行動する」というのは、国を問わずどこでも同じ。文化や国の違いは超えられないというが、人間の根底にある心や人間の本質は、同じである。

２００７年、７か国９拠点（アメリカ、インド、タイ、インドネシア、中国、ブラジル、オーストラリア）からの研修生を一つのグループとして研修を行ったことがある。複数の通訳を活用し、いつもと同じように議論を交わしながら研修を進められた。

口コミで広がったＤＮＡ研修

発足時「ＤＮＡ研修って……何？」と思っていた人も、時間が経つにつれ研修を受講した仲間がその気になり、良い成果を出しているのを見ると、「やってみよう」という気になっていく。特に海外で研修を行い、海外の拠点が良くなっていくのを見た日本人が、「それなら日本でも」という気持ちで自分の部署の人々を送り込んできてくれるという流れは大きかった。

さらには研修を受けた人から、「議論をする時間が足りない」という意見まで出てくるようになった。発足当時は現場監督者の業務を考慮し、週の初めの月曜を避け、火曜日から始まる

4日間の研修だったものを、そんな研修生の強い要望を受け、現在のような5日間に変更した。

研修を受け、その活動を職場で実施し、その成果を見た人、聞いた人が、自ら研修を受けに来て、成長する。「自分もやろう」という気持ち、「その気」にさせるものは何かといえば、それは「やれば必ず良くなる」という「成果」なのだ。そういった仕事のやり方を、職場でも行い、それを見た人が自ら動き出す、「人が人を動かす人づくり」を営んでいってほしい。

このように、口コミで広がっていったモノづくりDNA研修。今では製造に全く関係のない人、例えば、人事や調達部などの人々が、自ら上司を説得し研修に没頭。さらには愛知県庁の職員、アメリカの弁護士など、社外の人たちまでもが研修を受けに来るようになった。海外で研修の噂を聞いた日本の駐在員が、わざわざ研修を受けに一時帰国するようなこともあった。日本に帰国して研修を受けた海外駐在員の考え方が変わったと、現地の人たちが喜ぶ声も聞こえてくる。

今では海外駐在が決まった日本人は当たり前のように研修を受けに来るようになり、2013年現在までに海外出向前に研修受けた日本人の数は約220名にもなった。研修を受けずに海外出向すると、現地で行っている活動の指導ができないことを駐在員となる人々が危惧するようになってきたのだ。海外で先に広まったモノづくりDNA活動に対し、日本の方が少なからず焦りを感じた様子がうかがえる。また部下が研修を受け、人が変わって戻ってくる姿を見て、「これはどんな研修なのか！」と、自ら受講しに来る上司も増えてきた。

このように、「研修生が来ない」という壁は、こちらがどうにかその壁を低くしようと攻めていったわけではなく、研修生が崩し、どんどん低くしていってくれた。

DNA研修のこれから

モノづくりDNA研修は破天荒な試みだった。社長（現相談役）との口論、私のやんちゃぶりも多少は反省している。当時の深谷社長はしかしながら、研修が進むにつれ、何度か私に会いに来て下さり、研修もご覧になっていかれた。

「真弓は言うことを聞かん！」と愚痴をこぼされていたこともあったが、今では、活動を応援してくださっている（写真13）。

現在の加藤社長も何度か研修に訪れてくださり、元気を頂いた（写真14）。

結局振り返ると、私のやり方で研修をさせてくれた会社が、一番凄かったのかもしれない。私はそんな会社が好きだ。そして会社で出会った人たちに、感謝している。

いずれにしても大事なのは、信念を曲げないということ。強い信念があっても、若い時に芽を摘まれると、そこで終わりになって諦めてしまうこともあるだろう。ならば、摘まれる前に

議論をさせていただいた深谷社長（現相談役，前列中央）が研修を見に来てくださったことが嬉しく心の支えとなった。

写真 13　深谷社長（当時）と

現在の加藤社長（中央）も研修を訪ねてくださり，元気を頂いた。これは 2010 年春にアメリカ（テネシー），ブラジル，インドからの研修生を受け入れた時のもの。必要に応じて，複数多言語の通訳も活用する。

写真 14　加藤社長と

何かを形で残そうとしなければならない。また周りもその人の芽を摘まないようにしてやらなければならない。

言葉はすぐ消える。何か形で残せ。そこから、部署や上下関係の壁を感じさせない集団の力を生み出す。人を中心とした仕事の進め方を身につけていく。目的を持って何かを達成していくプロセスは、生産現場に限らずどこでも同じだ。

物が良くなり、人間関係が良くなれば、そこには「安心」して仕事ができる職場ができる。「安心」とは、「職場の元気の源」なのだ。

これからのモノづくりDNA研修はどうなるのか、という質問をされることがある。

この研修は、いつか「自然消滅していけば良いもの」だと、私は思っている。

聞こえの良い言葉だけが独り歩きしている会社ではなく、みんなが同じ認識を持ち、「ONE DENSO」として中身や本質を理解した上で仕事を行うことが、どこの拠点においても当たり前となった日には、モノづくりのDNAがすでに彼らの身体で育まれている証であり、そうなれば、研修を行う必要はなくなるからだ。また、そうならなければならないのだ。

モノづくりＤＮＡ――心に響く仕事の進め方

これまで述べてきた通り、私は自分の信じたことを最後まで貫き通してきた。会社を変えるために、文化、言語といった環境、職位・職種を超えて研修の対象者を幅広くして、あえて生産現場そのものに研修の場を用意し、人材を育成している。

そこに根ざすものは、人である。

国籍・職位・言語も超えて「人」として、互いを尊重し、真剣に議論し、納得を得るプロセスが、集団を活かす源である。そして、そこには矛盾やズルさのない「理路整然」が公平に与えられ、同じ土俵で真剣勝負をする。そこで、それぞれの気付きや納得を通じ、個人とチームが一致した一体感を得る。

研修生は「学びたい人」が上司を説得し、職場の周囲に気遣いながら1週間の離業許可をもらう。「学びたい時」に学びたい人どうしが「学ぶ」。そこには、志を同じくした者「同志」の一期一会の出会いがあり、一瞬たりとも、一語たりともおろそかにしない。そしてお互いを尊敬し合う、素直になった自分を自覚する。

研修を通じ、自分たちの知恵・工夫が実現できること、すなわち知識が知恵に変わった瞬間のエネルギーを体感しながら、仲間と進める協働の喜び、充実感を味わい、そして感動を得る。今まで、組織や肩書きを重んじるがゆえに、結果を重視し個人の努力や工夫を見失い、泥くさいの一言で片付ける不条理が自分を縛っていることに気付き心を開いてくれる。研修の最後に私の講話「本音と墓穴」を聞いて、さらけ出す勇気と一歩踏み出す勇気を受け入れ、本質は何かを問う日が備わってくれることを期待している。

そのプロセスを「心と体に残るもの、頭と手足、知と情がつながるような体験」と評してくれた受講生もいる。これが、モノづくりＤＮＡの「心と考動」である。

【モノづくりDNAの活動】

・設立から
　２００５年度

上司・部下・仕事を通し、集団で「人が人を育てていた」過去と、仕事が分業化・マニュアル化され、「個人で仕事を行うようになってしまった」現在の、両方の良いところを活かし、理路整然と研修を進め、心を持った人を育む。

モノづくりに携わる人々すべてが対象。

・２００５年度から
　２００９年度

組織・上下の枠を超えた議論を通し、成果の見える実践型研修で、事業部・機能部・海外拠点が融合し会社全体のレベルアップを図る。実践型研修から、現場での活動実施、浸透へ。

・２００９年度から
　２０１３年度

ＤＮＡのマインドが根付き始め、風土として定着することをねらう。仕事へのこだわり、協働の喜び、仕事のやりがい、価値観を共有し、（一体となった仕事）「ＯＮＥ ＤＥＮＳＯ」の実現に向け着実かつ大胆に「仕掛け」て「動く」活動を展開中。

研修生の感想——キーワード集（日本人）

◇

日本人の研修生たちは、研修を受けた後、前向きな抱負と希望を持って、自分の職場に帰っていく。

それは研修初日の顔と、研修が終わって帰っていく時との表情の違いからも手にとるように分かる。彼らは明るく楽しそうな笑顔で研修を終え、自職場へ帰っていくからだ。

忙しいはずの現場TL（班長）から、「研修時間をもっと延ばしてでも、更に深く学びたかった」と感想を頂いたこともある。

「作業者と一緒になって活動を進めたい」。

「今後も同僚や部下に受講させたい」。

「問題の現象から『本質』を考え、『現場の心』を分かる人になる」。

「研修で学んだ『議論する大切さ』を浸透させ、活気ある職場にしたい」。

「『コミュニケーション』『相互信頼』『モチベーション向上』『気付きを通して考動すること』を忘れずに業務を行っていきたい」。

「今後は作業者を巻き込み、作業者のモチベーション向上を考えて職場の品質向上に努めていきたい」。

「工程プロ活動を取り入れて作業のバラツキを小さくし、顧客が満足する製品を提供していきたい」。

彼らはこんな感想を、研修の後に残していってくれている。そんな研修生のコメントから、いくつかのキーワードを引き出し、研修生がモノづくりDNA研修を受けることでいかに感じて変わっていったかということを、まとめてみた。

コミュニケーション

- 喜怒哀楽という気持ちの共有を交えた、上司と部下のコミュニケーションを経験できた。
- 監督者が現場でまず「やってみる」と、作業者とコミュニケーションが取れ、使えるツールをつくり上げることができる。
- 階層によらない一体感、コミュニケーションの活性化は機能部も同じであり、継承すべきDNAである。

一つの和（輪）になって

・工程プロ活動は、作業者と監督者間のコミュニケーションを促進すると再認識した。
・問題に対して、グループ全員で話し合い、議論にて自分の意見や気持ちを伝え、みんなで改善していくことでチームワークを養うことができる奥深い研修だ。

気付き

・人間性の尊重のない制度は寒々としたものになり、一方、勇気、人間性ばかりで客観性がなければ独りよがりになる。
・人と体に残るもの、頭と手足、知と情につながるような体験ができた。
・入社以来開発設計業務に従事してきたが、モノづくりの視点で現場の苦労を体感しないまま長い時間を過ごしてきたのが残念でたまらない。
・現地現物で確認する大切さ、気付きや人に伝えることの難しさを知ることができた。
・一緒に受講した現場作業者の真剣な態度に襟を正され、初心に帰った。

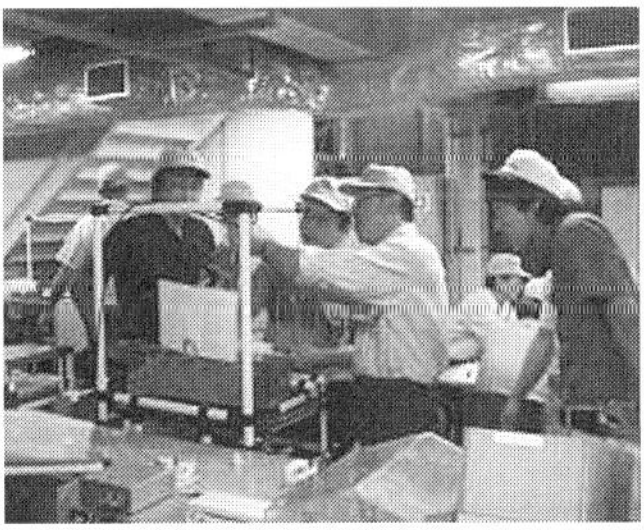

議論と考動

・人、心にフォーカスした仕組みで、自発的なスピリット、DNAが芽生える。

考えて行動（考動）

・ここの講師は考えさせ屋である。普通の講師はすぐに答えを言って押し付けで受講生の理解を曖昧にしている。

・自ら考えて行動する重要性を研修生に考えさせ、気付かせる研修だった。

作業者

・作業者に光を当てている。

・作業者がプライドと誇りを持って業務に取り組める環境づくり。

・作業者を巻き込む重要性、作業者目線の活動を重要視している。

・工程プロ活動では、自分自身が体験して作業者の苦労が分かった。

・作業者に押し付けない、「がんばり」の見える活動。

・作業要領書から工程プロまでの流れは作業者のやる気を刺

階層を感じさせない場

激させる素晴らしい手法。

- 作業者の気持ち・意見を最大限に活かすことで職場内の雰囲気・モラル・コミュニケーション向上につながると実感した。

手法

- 本質的には事務部門の仕事の標準化にも使える。
- 現場の仕事の進め方・考え方、品質管理の帳票などの諸知識を得る。
- 研修で学んだ帳票は全て「活きた帳票（活動）」。
- カン・コツを作業要領書に取り入れる意味を知った。
- 知識のなかった現場の品質管理手法について一通り勉強できた。

初めて出会ったメンバーが，やがてネットワークを形成していく。

研修生の感想——キーワード集（海外）

◇

「学んだ内容を実践して自工場をNo.1企業にしたい」

という感想をもらったのは、海外の研修生からだった。日本とは文化や言語の違う人々も、感想を見ると「心」「本質」は同じと伝わってくる。

研修途中にアメリカ人マネージャーから日本酒2升をお土産として頂いたことがあった。彼はアメリカの拠点で長く務めており、それまで日本語を話したことなどなかったのに、突然流暢な日本語でお礼を告げられ、そのお土産を頂いた。

研修前に自国からのお土産を頂くことはあるが、途中で日本酒を持ってきてくれるという、日本文化を意識したその気持ちが嬉しかった。

「帰国後は他部門と協力できる環境改善を行いたい」。

「各部署と協力して、習った知識を実際の仕事に活

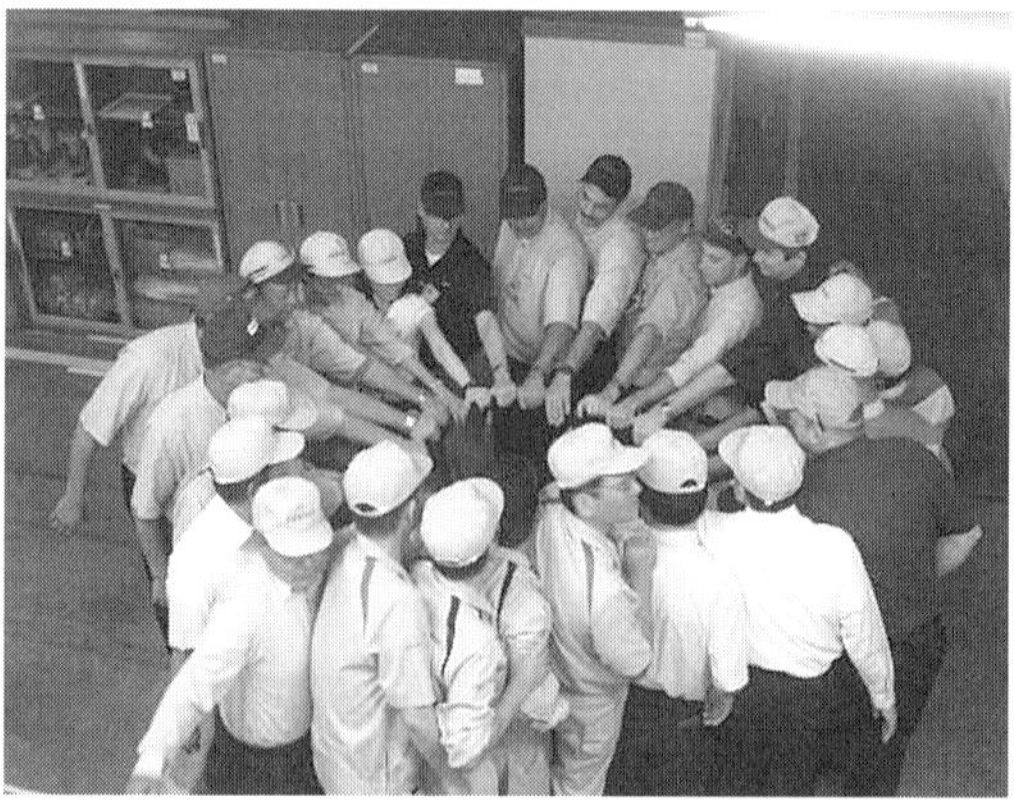

かして、品質No.１の向上を目指してがんばりたい」。

「拠点でＤＮＡ活動を支援し、広めたい」。

やはり彼らの表情も、研修が進むにつれ、明るくなっていく。

そんな海外からの研修生の感想も、キーワードごとにまとめてみた。

コミュニケーション

- 他国の人とコミュニケーションが取れ、意見交換できる絶好の場所。
- 考え方・言葉・文化の違う中、様々な意見から、全員が納得して一つのものを完成させる、やり切る大切さを知ることができた。
- 現在の拠点の部門間とのコミュニケーション不足を痛感した。
- コミュニケーションを促進させるとチームワークが向上できる。
- 集団の力は個人の力よりも大きい。知恵を集め協力し合って仕事をやり遂げられることを体得した。

作業者

- 作業者側の立場から見た品質改善。
- 工程プロ活動はラインに適切な作業方法を指導でき、作業者に自信を持たせる。

・作業者の苦労を体感した。作業者と同じようにやってみることの大切さを知る。
・作業者は大切な財産であることを思い返す。リーダーシップ育成のすばらしい研修。
・人とのやり取りで「ハート to ハート」の足りなさを実感した。研修前は人に期待して100％押し付けるようなところが多かった。今回の研修で学べたように部下の気持ちをよく考えていきたい。

気付き

- 作業者のための改善であることを念頭に置き、進める重要性に気付かされた。
- 自分でやってみて、初めて現場に存在する問題が分かった。
- 現場にこれほど沢山の問題、改善する必要があるものがある、ということに気付いた。
- 現場で人は一番大切だと分かった。

第6章 人との出会いに感謝

著者，工場にて

陰なる努力——成長し続ける講師に感謝

モノづくりDNA研修の講師は、決して優秀といわれる人材が集まったわけではなかった。同期から昇進や昇格が遅れた人、上司と合わずその職場から逃げ出したくて手を上げて来た人。こちらからお願いして来てくれた人も、必ずしもできる人ばかりではない。出身も、生産課、保全、デンソー技研センターなど、様々だった。

そんな講師の人たちに対して、せっかく私の部署に来てくれたのだから、出身部署に帰った時には「あいつは成長した」といわれるように、上司・同僚に認めていただけるだけの力をつけてやろう、という気持ちが私にはあった。製造部では監督者になれなかった人間を、班長、係長、課長にしてやる。現場と同じようにバラツキがある人間を集め、育てていく。

異なった環境から来た人を育て一つにするには、自分の持っているものをすべて出し切り教えていかなければならない。前に書いたように、私の経験から生産に必要なステップを66項目に分け、まずは徹底的に3か月間教室に缶詰状態で、講師になる前の教育を行った。

しかし、例えば技研センターの講師を務めていた優秀な人物でも現場経験が全くなく、66項目がさっぱり分からない。

「質問マンになれ！　なんでもいいから質問しろ！」

私はそう促し、彼は常に、

「なぜそれが必要なのか？　その目的は？」

と質問を投げかける係となっていた。質問を受けたメンバーは困りながらも、生懸命考え議論し、質問に答えていく。

講師の中には「QAネットワークというものを聞いたことがない」という人もいた。「同じ会社なのに知らない」ことがとても恥ずかしかったと、彼は言っている。

現場経験がなく講師になった人は、「現場経験のないこと」を大きな壁と感じ、大変苦労した。テキストをすべて把握し、少しでも経験を埋めるために研修を行うETCラインで使用する帳票を自分で作り、現場管理のノウハウを体得。メンバーと単位ごとの指導マニュアルを議論しながら作成していた。現在も講師たちは、研修で使うETCラインで実際にQAネットワークを作成し、定期的に工程ソロを実施している。彼らはそれを、教壇に立つ最低限の役割だと認識してくれている。

生産課から来た講師でも、モノづくりDNA研修が何をするのか全く分からないまま配属された人もいる。あるいは、「生産する人たちの役に立てる仕事がしたい」という思いで、自分のやってきた経験を海外の監督者へ伝えようと志し異動してきた人でも、いざやってみると、「何をすれば生産の役に立つのか？　自分に何ができるのか？」と不思議なくらい見えるものがなく、視野の狭さ、実力のなさ、経験のなさ、を痛感していた。

このように頭では分かっていても、それを具現化する難しさ。できないこともあるということを、身をもって経験してきた。そこから講師みんなで地道な努力をし、知らないことは自分で調べ、本を読み、話し方の訓練まで各自で行い、この研修をつくり上げてきたのだ。

すでに研修が立ち上がってから講師になり、何も分からないところから、先輩講師の研修を観察し、話し方、研修の進め方、研修生とのやり取り、研修生の質問、私の講話などをメモに取り、1年10か月でノート9冊を使い果たした人もいる。彼は講師として話すためには、自分で実際に作業要領書を作成してみなければならないと痛感すると同時に、生産現場でももっと早い段階から作成するべきだったことに気が付いてくれた。

モノづくりDNAの講師は色々なことを学び卒業していく。そして職場からは次の後任者を輩出してくれる。製造部によっては創設以来、今日まで4名が引き継がれている。

気付きの醸成

私のところへ来てくれた新人講師には、3か月缶詰状態で議論させた66項目は教えるがそれ以外は何も指示しない。良い言い方ではないがほうっておく。一から十まで指示するよりも実はこのやり方のほうが、何かを見いだし考える力が身に付くと私は思う。

新人講師は周りから何も指示されない日々が続く。私は一言、「好きにしていいよ」とだけ伝える。するといつしか新人講師は先輩を見て何をすべきかを考え始める。自分で作業して作業要領書を見直したり、ETCラインの改善をしたり、先輩講師の研修風景をビデオ撮影し研究し、指導マニュアルを作成するなど、思い思いの行動へ移し始める。

DNA講師に必要な自分で考えて動く力が身に付いた証と信じている。ある講師に聞くと会社に来て「今日は何をやればいいんだ？」と悩み苦しんだそうだ。やがて新人講師は研修生がいないスクリーンに向かって教える訓練を始める。この場面でも何も指示しない。新人講師から「研修生役になって聞いて下さい」と言ってくるまではほうっておく。今後、先輩、上司を動かすことも必要だからである。

DNA講師が教壇に立つ前には必ず私が確認し、合格した講師のみ教壇に立たせている。誰もが教壇に立てるわけではない。来てくれた研修生に対して失礼のないようにしたい。そのために私の目で見極めている。ＤＮＡ研修として一点のほころびも許さないためにも。私が研修生となって確認する場には必ず講師全員を同席させる。新人講師の指導ぶりを見ることで講師全体のレベルが把握できるからである。

　講師を見極めるにはテキストの行間をどれだけ理解しているかが重要であり、その行間についての質問をする。新人講師はたちまち答え切れなくなる。他の講師が答えることになるが、その正しい解答や課題については場合によってはあえて教えないことがある。講師は集まり次回までに解答や課題を見つけ出す。こうしたサイクルを回させ講師全員の底上げを仕掛けている（図17）。

「人に説明する時、人は一回しか聞いてくれない」その一回の説明をどれだけ分かりやすく行う

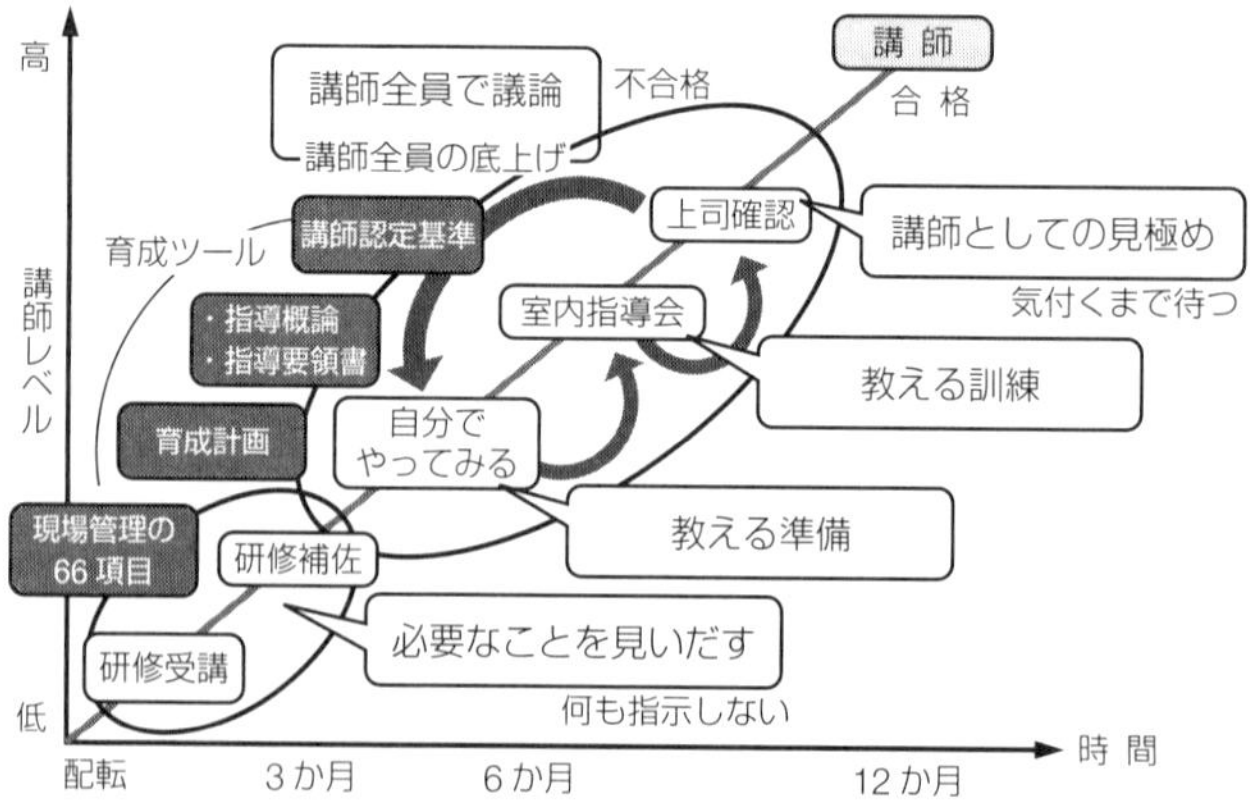

自分で努力・行動を起こさないと講師になれない

図17　DNA講師の道のり——育成ステップ

かをいつも講師と一緒になって議論している。

前にも述べたように、研修生から「ありがとう」と感謝されるのも彼らの努力があってこそ。このような彼らがした努力というのは、講師として研修生の前に立ったとき、相手に伝わっていくものだ。

「考えさせ屋」

私は常に、「教え屋にはなるな」と言っている。「教え屋」とは、ただテキストに沿って書いてあることを読んで伝えるだけの教師のことをいう。ある時品質管理部から研修に参加した研修生が、モノづくりＤＮＡの講師は「考えさせ屋だ」と表現したことがあった。この言葉からも、講師がただの「教え屋」になっていないことが分かる。講師を評して、受講者から図18の言葉を頂いた。

The mediocre teacher tells.
The good teacher explains.
The superior teacher demonstrates.
The great teacher inspires.

凡庸な教師は、命令する。
良い教師は、説明する。
優れた教師は、範となる。
偉大な教師は、心に火をつける。

図18　アメリカの教育者ウイリアム・ウォードの言葉

私たちは職種、職位が異なるメンバーと一緒に、モノづくりＤＮＡ研修という一つのものをつくり上げてきた。それは非常に難しく時間のかかることだったが、「研修と同じで色々な持ち場、立場での意見が出る中に身を投じていることで、色々な考えやものの見方が向上できた」と講師の人たちは感じてくれている。彼らはそれを努力とは呼ばず、自分への甘さを反省し、日々邁進していこうとがんばってくれている。そして何よりも「人の気持ちを常に大切にする」ように、心がけてくれている。そんな講師の人たちへの感謝の気持ちは、尽きることがない。

人は人についてくる――本質を見抜け

私は何事においても「本質とは何か」ということを基に考え、行動をしてきたと思っている。若い頃からそうだった。

一つのエピソードとして、講話でもたまに話をするのだが、私が新入社員の時、三重県出身で、愛知県の人たちとは方言が違い、彼らの言っていることが分からなかったというのをからかわれた。ついカッときて、若気の至りで手を出してしまったのだった。翌年、同期の仲間が一律に昇給した中で、自分だけ、１００円給料が安かった。基本給１万９０００円の時代であった。それで自分はもう、会社にいらない人間、落伍者だと落ち込み、ここから会社以外に楽しみを求める生活が始まった。

この経験はしかし、今でも私の現場管理に活きている。

私はこの経験から、「分からないものは、分からない」ということを学んだ。分からない方言は、分からなくて当たり前。「分かれ」という方が、無理である。現場管理でも、異常の原因を記入しなければならないような時、必ずしも原因が分かるかといえば、そうでない時もある。それなのに、本質よりも「記入しなければならない」ということを重視するあまり、つい想像で記入してとりあえず帳票を埋めればよしとする。しかし自分のところではそんなことは一切行わないと決め、「分からないなら分からないで何も記入せず、空白のままにしておけ」としてきた（図19）。

新入社員だった頃は会社に魅力を感じて

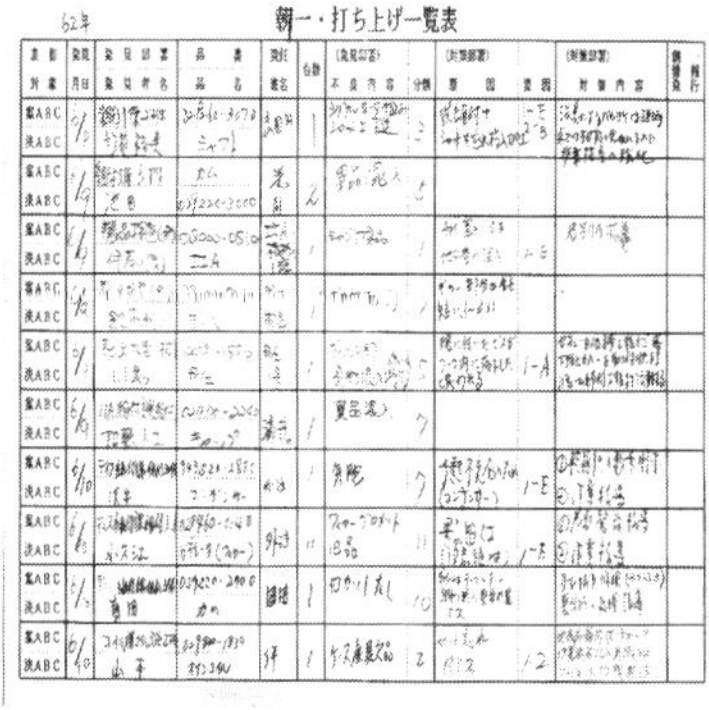

「分からないものは分からない」という事実をそのまま反映し，空白のままになっている帳票。「何でもいいからただ記入する」ことが本質ではない，という信念があった（1987年）。

図19　あえて空白を許容する帳票

いなかった私だったが、愛知県から三重県の大安製作所へと異動になり、大きな転機が待っていた。それは、本音が分かる人と出会えたということ。

「この人のために、自分は会社を変えてやろう」

そう強く感じた。

「人は人についてくる」ということを、学んだ出来事だった。

私の恩師である岡田工場長は、人を引っ張る魅力を持っている人だった。親分子分の関係を持つ人ではなかった。でもなぜか、「親分」と言いたくなる人だった。全てに平等に物事を見ていた。例えば4人課長がいたら、すべて平等に見る。そういう人だった。工場長自ら工場の掃除を一生懸命行い、女性の作業者がその頃憧れたオフィスの制服を着たいだろうと、彼女たちの作業服をスカートに変えてしまうような決断できる人だった（写真15）。

1980年代，女性の作業者は事務員の制服に憧れていた。そんな彼女たちの思いを酌んで，「スカートライン」をつくり，事務員風のスカートで作業を行えるようにしたのも，岡田工場長だった。

写真15　「スカートライン」

私自身の思い出に、昔、特性要因図の矢印が間違っていたのを、ある課長に延々と叱られたことがある。しかしその矢印は私が書いたものではなく、本当は別の先輩が描いたのだった。私は黙って、何も言わず叱られていた。そこに、その先輩が入ってきて、

「いや、私が間違えたんですわ」

と言ってくれた。すると課長は、

「なんだ、○○君だったのか」

と言って、終わってしまった。とても悔しかった。先輩の実績があるから叱られなかったのだと思うが、平等に見てほしかった。これも勉強になり、自分は平等に物事を見る岡田工場長のようになりたい、と思った。

大安工場に私が異動してきた１９８２年当時、数多くのクレームがあった。

「真弓のところはあかんじゃないか。信用して連れてきたのに」

と、岡田工場長に叱られた。

ある時クレームが出て夜中１時頃起こされお客様の工場に向かった。一睡もせずに朝の10時頃戻ってきた。自分の部署の責任ではなかったが、不良を発見できなかったという責任はあっ

た。工場長のところで1時間あまり説教された。

「もうお前に言うことはない。出て行け」

寝ていないので、ディストリビューターを床にボカンと投げつけ、「寝てくる」と言って、医局で寝た。目が覚めたら、午後3時頃だった。その時、後光が差したように目の前が明るくなった。今まで期待を一身に担ってやってきたが、もう自分には捨てるものはない。いい意味で、開き直った。よし、今からがんばろう。今いる子たちを自分のカラーに染めよう。自分のカラーにするには、自分がカラーを出さなければならない。自分なりに、隠しごとのないように、みんなで良くしていこう。みんなで和をもって、良くしていこう。そんな思いで努力を積み重ねたら、1年か1年半で現場が良くなってきた。

ある日岡田工場長が来て、

「真弓、このラインを立ち直すのに、どれくらいかかった」

と聞いてくれた。

「2年くらいですかね」

と答えたら、別のラインを「半年で立て直せ」と言われた。

ある程度コツを掴んでいたので、半年で立て直しをやった。そこから工場技術のスタッフとなり、現場への思いと、自分はこうしたいというものを勉強して、点火製造部をどうやって立て直そうかと考えた。当時クレームが年１６０件くらいあった。これが点火製造部での、朝活動が始まる背景だった。

私はいつも、良い上司に恵まれた。自分をさらけ出し、もうこれで捨てるものはない、という気持ちでやってこれた。工場長は白紙で物事を見て、私に嫌われることを知っていながら、「出て行け」と言ってくれた。しかしその後しっかりフォローをする。そういうことを、身をもって教えられた。自分の可愛がっている部下に対してきちっと言える人は少なくなった。

人を信用するならとことん信用し、たとえ部下に裏切られても、信用する。面倒を見るなら、とことん最後まで見てやる。そこまで覚悟を決めて情熱と愛情を持てば、怒鳴っても部下は自然についてくる。自分はそういう気持ちでやってきた。そして必ず、逃げ道をつくってあげるということ。人は責めてはいけない。誰だって、逃げたいと思うことはある。自分も優等生ではなかったから、人の気持ちが分かる。

強い思いと行動力

部下の育成は、係長までは育てなくてはいけない。きちんとやるべきことの範囲内の業務は係長まででよいと思っている。課長・工場長となると、その人の持っている自由なパフォーマンスが大いにに発揮できる人でなければいけない。これは育てるものではない。

自分が何をしたいかということに、こだわらなければいけない。何かをしようとする思いが強いか、弱いか、それは誰かが育てるものではない。強い思い、実現させる行動力とそのための努力が必要だ。デンソーでも一時期の成果だけを評価する考えから、日々の努力も評価することで、強い思いと行動力を持つ人が育っていける風土づくりが、必要と考えるようになってきた。

このことは、私も人事部から相談を受けた２０１１年改定の新人事制度に、形となって表れている。「人の本質を評価」「志を貫くための考え・実現させる行動・努力を評価」という制度はまさに入社以来の私の思いそのもの。ともすれば、アウトローと見られかねない私の生き方が、私の退職後も人材育成の一翼を担っていくことになった。この人事制度によって、これからのデンソーに一人でも多く、私と同じ思いを持つ管理・監督者が育ってくれることを願う。

私は管理監督者に対しては、部下のいる前で叱ってきた。うちの課長、係長が怒られている。

なんとかみんなでがんばらなくては、という姿をつくってほしいという思いがあった。

　管理監督者は、行動を取ることが大事。行動なくしては頭でっかちの、どこかで見たような真似ごとばかりになってしまう。言葉だけが独り歩きをするような、中身のない活動は、やるべきではない。

　管理監督者は真実を求めてどう行動したらよいかにこだわってほしい。

可能性のドアは簡単には開けられないが、地道に真面目に努力すれば、知らないうちに一つの壁を通り過ぎている。大切なのは、大きな志と、やりぬく勇気と行動である。


　今、日本のモノづくりは様々な要因があって、窮地に立たされている。

　技術は常に進歩・進化していかなくてはならないが、モノをつくる人々は常に「お客さまに良い物をお届けする」という普遍的な心をもって仕事に取り組んでほしい。人は無限の可能性を持っている。それを引き出すのは良い上司・良い環境、そして良い部下である。人が好き、職場が好き、会社が好き。

　もう一度原点に立ち返り、人に視点を当てて。日本のモノづくりが常に世界をリードしていってほしいと願う１人である。

通訳のみた真弓塾長

モノづくりＤＮＡ研修　英語通訳　産屋敷公美

私が通訳としてモノづくりＤＮＡ研修を海外の人に伝えてくる中で、講師の人たちがいかに真弓哲学を自分のものとしていっているのだろうと考えることがしばしばあった。「教え屋」にはならず、相手を議論に導き、自ら気付かせ、「その気」にさせていくなんて、そう簡単にできることではない。手法を教えるのは容易かもしれないが、マインドをいかに伝えているのか。同じ熱意があったとしても、真弓と全く同じ伝え方をすることは、なかなか難しい。

私は講師の人たち全員に、彼らの思いを聞き出してみた。講師の正直な気持ちが表れていて興味深いものだった。

〈**講師A**〉

配属当初から今までやってきて感じるのは、やり方とか手法だけではなく、「情熱」であり、一貫してぶれない思いだということ。DNA研修の講師をさせていただいて心がけていることとして次の3点がある。

・この研修で「何を感じてもらいたいか」を持った上で講師として立つ。
・俺が俺が！ではなく、自己制御して研修を実施する。先生にならない。
・個ではなく空間に目を向け臨機応変な対応に徹する。一期一会を、おざなりにしない。

私は現場の人間なので、何年たっても「現場の心・視点」を忘れず、決して言葉遊びや頭だけで考えて最も正しいみたいなことを言ったりしないと、心に決めている。

〈**講師B**〉

「守り抜くこと」「考えるべきこと」「元気に仕事すること」「職場の一体感」をこの研修ですべて教えてもらっている。真弓さんの言っていることが分かれば押し付けと感じない。

＊

私がモノづくりDNA推進室にいる間に、何人かの講師が自分の出身部署に戻っていったが、その中でも家族の体調が悪くなるなどの問題が発生すると、真弓はそのことに気付いたその日に動き、別の部署に電話を即座にかけ、問題を抱えた部下をすぐに家族がいる地域に近い製造部へ異動させていた。

その驚くべき迅速さ、そして相手に恩を着せずに手放し、出て行ってからもその人のことをいつも気にかけている姿。そういった姿を真弓の下で働く講師の人たちも目の当たりにしている。

さらにはこんな話も聞いた。これは真弓が工場長を務めていた頃のことだが、クレームが4か月出ていないという状況が続き、作業者は「絶対自分は年度初の不良は出さない」という緊張感を抱え、ピリピリとした表情で仕事をしていた。朝礼でそんな作業者たちの顔を見た真弓は、

「誰か勇気を出してクレームを出してみよ！」

と言ったという。

もちろんそれは、作業者の気持ちをほぐすための言葉だったわけだが、部下の心を気遣いながらも、相手に重荷にならないような言葉で励ますのが真弓のやり方のように伺える。

講師の人たちに聞いた中で、もう一つ印象深かったストーリーがあったので、紹介しておこう。

〈**講師C**〉

私はモノづくりDNA推進室発足当時からのメンバーではなく、既に研修を行ってきているメンバーとは歴然とした知識や苦労の差があった。なんとかこの差を縮めたいという思いで、2007年7月から真弓さんの話された内容や行動、見聞きしたことをダイアリーやメモに書き、何回も読み返して自分の頭に入れてきた。悩んだ時などはメンバーに教えてもらったり、真弓さんに伺ったりして自分の言動を振り返り、DNAとして道筋から外れないようにしてきた。

実は私が2007年7月からメモを取るようになったのには理由がある。

その年の6月、私は出張で某家電メーカーへ行き、その出張報告書を出し、真弓さんにこっぴどく叱られた。報告書には、「モノづくりは人づくり」などと、もっともらしいことが書いてあった。真弓さんは黙ってそれを見てから、メガネをコトッと外し、私は廊下に出された。

「どアホ！　死ね！」

とひどく怒られた。

「まず人を作ってからモノづくりだろう。良い物が作れる人は、必ずしも人間ができているのか。そんな聞こえのよい言葉を言うものじゃない」。

そして後で部屋に入り、

「お前なあ、人ってそんなもんじゃないだろ。分かるだろ。」

と諭された。涙が出てくるようなコメントだった。

それが6月のこと。それを機に、いろいろなことを残していこうと思った。

＊

後々この話を聞いた真弓は、笑いながら、あの時は「ドアを、閉めよ！」と言ったんだよ、と冗談でごまかしていたが、今時ここまで人を叱れる人は、なかなかいない。

私は真弓が研修生の前でも講師を堂々と諭す姿を見てきた。一般に、そういうことは人前でするべきではないと言われるような時代で、すべてをさらけ出してそんなことができるのは、常に本質がぶれることがないからであり、それが相手に伝わるから受け入れられる。

私は講師の人たちが、時には目に涙を浮かべながらこのような話をしてくれるのを聞いて、感動を覚えた。結局この人たちも、身をもって真弓のやり方を体得しているのだということが分かったからだ。講師も実践で、日々学んでいるのである。

そして真剣にモノづくりを伝えたいという思いが、自発的に生まれてくる。押し付けではなく、納得していく。講師も「その気」になり、努力を努力と思わずに、モノづくりを伝えていこうとする。それが、研修生に伝わるのだ。そうでなければ、「教え屋」としてしか、留まれないのかもしれない。

私をはじめ通訳としてモノづくりＤＮＡ研修に携わった人たちも、時には講師や講話を遮ってまでも、確実に研修の内容、思いを伝えていこうという情熱があった。通訳を入れて何度も議論をしたこともある。慣れていない通訳が来た時には、通訳を変えてくれという依頼もあった。しかしその時、

「変えなくてもいい！」

と真弓は強く言った。

「彼女は俺以上に英語を喋る。だから彼女でいいんだ！」

ともすると、これでは中身が相手に伝わらないと思いがちだ。しかしここが真弓のマネージメントの違い。中身が１００％伝わらなかったとしても、人の心を思いやるハートがもっと人間的なコアな部分に響くのだ。だから、私たちも、「この人のために」という気持ちになる。それは、海外でも同じように伝わっている。真弓が訪れるとどの拠点でも、自然に人が集まってくる。いつしか朝一活動が「ＡＳＡＩＣＨＩ」となり全世界で実施されるようになったのと

同じように、真弓は「ＭＡＹＵＭＩ」となって、世界でモノづくりのＤＮＡを伝承している。

最後に、真弓が点火製造部の工場で仕事をしていた時に部下だった課長から聞いた話を紹介する。これも真弓自身からは聞くことはできないような話なので、おもしろいと思う。

＊

私は真弓さんに一番叱られて、真弓さんと一番議論を交わした部下だった。しかしどれだけ議論しても、真弓さんには敵わなかった。それでも懲りずに何度も議論を交わした。

これは１９８６年頃の話だ。「工程管理明細表は現場の憲法」。まだ生産現場では作業要領書もまともに整備されていなかった時代に、「なぜ憲法なんだ」と思いながらも毎日他の班長と競争で工程管理明細表に基づき要領書を作成したのを覚えている。

生産現場で自分はスピードを意識して報告に行っても、「そのことは聞いている」と真弓さんに言われたことが何度もあった。真弓さんは部下に第一報は子供の使いでいいからとにかく「〇〇が発生しました」という報告をするよう指示していた。報告があったら必ず真弓さんも現場に来ていた。

とにかく、あらゆる面でスピードが重要と言っていた。その後、2004年にある品質問題を契機に会社全体で「スピード重視」がいわれるようになった。内心、我々はもう何年も前から意識して行動していると思ったのを覚えている。

なぜこれほど時代を先取りできるのか！

職場が暑いということを上司を通じて何度も関係部署に相談に行ったことがあるが、全体空調が原則といわれ、あまり職場環境は改善されなかった。職制変更で真弓さんが係長になってすぐに組合や安全課などの関係部署を動かし、十数台の大型インスパック（エアコン）が設置された。職場環境が劇的に向上し、当時の作業者は大喜びだった。

また、真弓さんが係長時代に2億円の予算を確保し金型を更新してくれたこともある。金型が老朽化し更新のための予算申請を何度もしていたが、優先順位などが障害となり更新できずにいた。職制変更で真弓さんが係長になってすぐに部長以下関係部署を動かし、予算確保、金型更新が実現した。

なぜこんなに人を動かすことができるのか！

自分は常に現場にいても見落としてしまう不具合を、短時間しか現場にいない真弓さんに毎回指摘された。悔しくて、

「どうして分かるんですか？」

と聞くと、

「毎回テーマを持って現場に来ているからだ」

と、珍しく答えを教えてもらったことがある。

その後自分も目的を明確にして現場を見るようになった。

企画からの予算カット指示に従い予算修正をし、喜んでもらえると期待して提出すると、

「俺がどんな思いで、どれだけ苦労して予算を確保しているのか分からないのか！」

と厳しく叱責された。費用を心配しないで改善できる環境を当たり前と思わないように反省した。

振り返ると、やりたいことが思うようにやらせてもらえたあの頃が一番楽しかった。

人を異動させる時は、優秀な人から外へ出せと言われた。新設ラインで職場が混乱している時に海外から数か月の出張要請があった。長年片腕として頼りにしていた人を出張させた。すると今までその人の影にかくれていた別の作業者の言動が明らかに変わってきた。

育成ということの意味を目の当たりにした経験だった。

製品設計変更を実現し、不良を大幅に低減したこともある。新設ラインで工程内不良が多発しており、対策として製品設計変更を設計課に打診した。設計の返事は性能低下が心配されるため、不可。真弓さんは、

「本当に性能は低下するのか？　誰が確かめた？　設計の心配だけで現場が苦労しているんじゃないのか？」

と言い、真弓さんの指示により工場技術が中心でテスト品の作成・性能評価を実施。結果性能低下のないことが立証され、設計も納得し、設計変更を実現することができた。

不良が大幅に減り作業者が大変喜んだのを覚えている。

クレームの原因になる「チョイ置き」に関しては、

「人がうっかりやってしまうのがチョイ置き。するな、するな、では防止できない。チョイ置きに気付く環境が必要」

と言われた。具体的には、最終工程周辺のチョイ置き可能部位（平らな部分）すべてに傾斜を

付けるように指示された。

「デレッキ(6)を使用後、元へ戻せ、戻せ、と言うのも必要だが、使用する場所すべてにデレッキを設置しろ」

「3S(7)を守れ、守れ、というのも必要だが、3Sを守らないと作業ができない（開閉カバーが開かない）ようにしろ。作業者を守れ」

こんな発想はどこから出てくるのか！

（6）デレッキ
生産現場で使用する安全補助具の一つ。手で直接触れると危険な作業で手の代わりになる工具のこと。

（7）3S（スリーエス）
動くところに手を出しての災害を防止するために、デンソーで行っている安全施策の一つ。設備の停止とそれを確認する三つの手順、
①「スイッチを切る……非常停止スイッチや電源スイッチを切る」
②「スイッチ切り　ヨシ……表示ランプの消灯を確認する」
③「ストップ　ヨシ……設備（コンベア・モータ等）で停止を確認する」
を意味している。
（Sはそれぞれの手順をローマ字表記したときの頭文字）

交通事故、職場災害を真弓さんに報告した時は、

「当事者が一番つらい思いをしている」

と言われ、叱ることは決してなかった。

先輩の発表資料作成時でも当時スタッフだった真弓さんが徹夜で指導していた。他にも災害に合った部下の家の後始末を工場の係長全員を動員して手伝ったり、交通事故を起こし悩んでいる時、自宅に泊り込んで立ち直らせてくれたりした。

人のためにここまで一生懸命になれることに感動したことを覚えている。

＊

こんな課長の話を聞いていると、思い浮かぶ詩がある。相田みつを作の、「その人」という詩だ。

その　人

その人の前に出ると

絶対にうそが言えない
そういう人を持つといい

その人の顔を見ていると
絶対にごまかしが言えない
そういう人を持つといい

その人の眼を見ていると
心にもないお世辞や
世間的なお愛想は言えなくなる
そういう人を持つといい

その人の眼には
どんな巧妙なカラクリも通じない
その人の眼に通じるものは

ただほんとうのことだけ
そういう人を持つがいい

その人といるだけで
身も心も洗われる
そういう人を持つがいい

人間にはあまりにも
うそやごまかしが多いから
一生に一人は
ごまかしのきかぬ人を持つがいい

一生に一人でいい
そういう人を持つといい

相田みつをさんは「その人」を「ごまかしのきかぬ人」と表現している。「その人の前では絶対にうそは言えない。その人にはどんなごまかしも通じない。その人には絶対頭が上がらない。だからその人はおっかない。しかも、その人の前にいると安心して、いつも心が洗い清められ満たされる」

「どんなことでも全部そのまま受け入れてくれる絶対の暖かさ。学歴、地位、外見に関係なく、落ちこぼれ、取りこぼしを一切つくらない無限の暖かさ。それと同時に、何が本物で何がニセモノか、何が真実で何がうそか、世間的な損得に関係のない眼でどんな小さなごまかしでも見抜く、とても厳しい心も持っている。そういう人に出会えるか、というのが人生での大きな課題」であるという。

社会や会社には、多くの決まりがある。その決まりの中で、私たちは自分にできることの範囲で仕事をしている。学歴や年齢、性別、雇用体制など、様々な越えられない障害の中で、がんばっている。そんな規制がある理由が、時々私には分からない。そんな規制がなければ、ともすれば会社はもっと大きな可能性の扉を開けられるかもしれないからだ。しかしそういった限られたそれぞれの世界の中で、生きがいとなる「やる気」を生み出してくれるのは、「人の魂と魂が触れ合う真実の出会い。人間と人間の裸の出会い。心と心との本当の触れ合い」なのだと知った。

「生涯の師、人生の師と出会ってほしい……」。

私は真弓を、「その人」と感じて生き、仕事をしてこられた人たちが、デンソーには多くいることだろうと信じている。

産屋敷通訳の後任の娘さんが描いたイラスト
（DNA講師）

著者紹介

真弓　篤（Atsushi MAYUMI）

“こころ豊かに 人が変わる 会社が変わる”

略　　歴

1948年　三重県津市芸濃（げいのう）町に生まれる
1967年　日本電装株式会社（現・株式会社デンソー）に入社
　　　　冷暖房製造部部品課に配属
　　　　冷暖房製造部，点火製造部にて工場技術課に所属
1997年　点火製造部検査課 課長
1999年　点火製造部生産課 課長
2001年　点火工場 工場長
2005年　モノづくりDNA推進室(新設) 次席部員（心に火がつく人材育成を目的）
2011年　株式会社デンソー 技研センターに転じ，真弓塾を開講（デンソー初の個人名のついた組織）
2014年　株式会社真弓PQMソリューションズを設立

46年間のモノづくりで「いかに良品を作り続けるか」にこだわり続け，独創的な仕事の進め方「量産技能」を確立した。このDNAを幅広く国内外の経営者から末端まで，現場指導・仕組みづくり・改善・教育を理路整然と教え「気付き」「心に火がつき」「考動」できる人づくりで企業の発展に寄与する。

主な寄稿

「減産とうまく付き合う方法を模索して」（IEレビュー）
「今こそ必要なモノづくりへのこだわり」（DENSO 経営研究会）
「グローバルなモノづくり人材の育成」（株式会社デンソー CSRレポート2010）

講　　演

社外の国際支援団体，公共機関，経済団体，他企業からの依頼で年10回以上の講演をこなす。

連 絡 先

メールアドレス：a-mayumi@pb3.so-net.ne.jp

デンソー　モノづくりDNAの心と考動
——人が人を動かす人づくり
定価：本体1,500円（税別）

2013年11月 8 日　第1版第1刷発行
2017年 4 月25日　第5刷発行

著　　者　真弓　篤
発 行 者　揖斐　敏夫
発 行 所　一般財団法人　日本規格協会
〒108-0073　東京都港区三田3丁目13-12　三田MTビル
http://www.jsa.or.jp/
振替　00160-2-195146

印 刷 所　株式会社ディグ
製　　作　株式会社大知

ISBN978-4-542-50181-2